리더의 편지

리더의 편지
80번의 소통으로 부대를 지휘하다

초판 1쇄 발행 2024년 7월 20일

지은이 박세호
펴낸이 장길수
펴낸곳 지식과감성#
출판등록 제2012-000081호

교정 이주연
디자인 정윤솔, 오정은
편집 오정은
검수 이주희, 정윤솔
마케팅 김윤길, 정은혜

주소 서울시 금천구 벚꽃로298 대륭포스트타워6차 1212호
전화 070-4651-3730~4
팩스 070-4325-7006
이메일 ksbookup@naver.com
홈페이지 www.knsbookup.com

ISBN 979-11-392-1966-1(03390)
값 17,800원

- 이 책의 판권은 지은이에게 있습니다.
- 이 책 내용의 전부 또는 일부를 재사용하려면 반드시 지은이의 서면 동의를 받아야 합니다.
- 잘못된 책은 구입하신 곳에서 바꾸어 드립니다.

지식과감성#
홈페이지 바로가기

리더의 편지

박세호 지음

"80번의 소통으로
부대를 지휘하다"

목차

추천의 말 ··· 8

프롤로그 들어가는 말 ·· 15

Chapter 1. 임무를 시작하며

01. 따뜻한 환영에 감사를 ··· 20
02. 소통의 최종 상태는 '이해' ··· 23
03. 보고는 평소와 다른 것을 있는 그대로! ···························· 26
04. 자기 역할에 충실하기를 ·· 30
05. 바로 옆에 있는 전우에게 관심을 ····································· 33
06. 계절적 요인을 고려한 작전 태세 확립 ····························· 36
07. 모든 업무의 바탕은 믿음 ··· 39
08. 법에 근거한 군 생활 ·· 42
09. 5관 3략의 실천 ·· 46
10. 항상 새로운 시각으로 바라보기 ······································ 49
11. 준비된 훈련으로 성과 달성 ··· 53
12. 해안 경계 태세 확립은 우리의 의무 ······························· 56
13. 기본과 원칙에 충실한 복무 자세 ····································· 60
14. 계절 변화에 따른 선제적 대비 ·· 63
15. 전투원으로서 체력은 기본 ·· 67
16. 평화의 시대에 전쟁을 대비하다 ······································ 70
17. 지휘관의 역할 ·· 74
18. 적의 위협은 곧, 군의 존재 이유 ······································ 77
19. 전우는 내 인생의 한 페이지 ·· 81

20. 전투 장비 관리는 곧 전투력 ·· 84
21. 북한의 행태에 대응하는 방법 ·· 88
22. 선선한 가을에는 운동을 ·· 92
23. 우리 공통의 관심사는 군 ·· 95
24. 반드시 지켜야 하는 안전 ·· 98
25. 존재적 인간으로서 내 인생의 주인 되기 ································ 101
26. 선진국에 걸맞은 선진 병영 ·· 105
27. 동사형 인간이 되자 ·· 109
28. 합심과 노력으로 어려움 극복 ··· 112
29. 제설은 '작전' ·· 115
30. 문제 해결의 답은 언제나 소통 ·· 119
31. 부대도 사람도 성과 분석이 필요하다 ····································· 122
32. 항상 적은 내 앞으로 온다 ·· 125

Chapter 2. 새로운 시작

33. 훈련을 대하는 우리의 자세 ·· 130
34. 군인의 마음가짐 1, 책임감 ·· 133
35. 군인의 마음가짐 2, 절박감 ·· 137
36. 군인의 마음가짐 3, 희생정신 ·· 139
37. 군인의 마음가짐 4, 사랑 ··· 143
38. 군인의 마음가짐 5, 공부 ··· 146
39. 군인의 마음가짐 6, 윤리 ··· 149
40. 정신 전력의 중요성 ··· 152
41. 위기를 극복하는 방법, 결전태세 확립 ······································ 155
42. 무엇을 시작하기에 충분할 만큼 완벽한 때란 없다 ························· 158
43. K·S·R 잘하면 안·끼·지 ··· 162
44. 동기를 부여하는 사람 ·· 166
45. 지피지기 백전불태 ·· 169
46. 예비군 역시 우리의 전우입니다 ··· 173
47. 말속에 담긴 간부의 품격 ·· 177
48. 싸우는 방법대로 훈련하고, 훈련한 대로 싸운다 ·························· 179
49. 가족에게 충성을 ··· 182
50. 군대의 기율이자 생명인 군기 ··· 185
51. 훈련을 앞둔 마음가짐 ·· 191
52. 할 때 팍, 쉴 때 푹! ··· 195
53. 취임 후 1년을 돌아보며 ··· 197
54. 지속 가능한 결전태세 확립 ·· 200
55. 정성이 만든 성과 ·· 203
56. 이제 Why to Fight를 고민할 때 ··· 206
57. 멈춤 없이 나아가기 ··· 209

Chapter 3. 부대원과 함께 계속 전진, 또 전진

58. 군 생활 잘하는 방법, 경험 ·· 214
59. 군 생활 잘하는 방법, 노력 ·· 218
60. 군 생활 잘하는 방법, 의지 ·· 221
61. 우리는 현장에서 함께한다 ·· 224
62. 좋은 간부가 되고 싶다면 ·· 228
63. 통합방위 훈련의 꽃, UFS 연습 ·· 231
64. 잘 배우고 있습니다 ··· 234
65. 알아야 한다 ·· 238
66. 철부지가 되지 말자 ··· 240
67. 우리에게 영향을 주는 모든 것들 ··· 243
68. 간부 교육의 중요성 ··· 246
69. 휴일을 잘 보내는 방법 ·· 249
70. 우리도 완전 작전을 할 수 있다 ··· 252
71. 365일, 24시간 임무 수행이 가능한 이유, 당직 근무 ········ 256
72. 부대의 커다란 손실, 차량 사고 ·· 259
73. 지휘관의 복무 자세 1 ·· 262
74. 지휘관의 복무 자세 2 ·· 265
75. 부대 운영의 핵심, 초급 간부 ·· 268
76. 병사는 우리의 가장 중요한 전투력 ····································· 273
77. 지금 우리의 온도는 90도 ·· 276
78. 소통은 상대의 관점에서 ·· 279
79. 마지막 당부 - 소통, 변화, 사랑 ·· 282
80. 모두의 건강과 행복을 기원하며 ··· 287

에필로그 맺는말 ·· 290

추천의 말

　저자가 여단장 시절 지극정성으로 부하들과 상하동욕(上下同欲)의 마음으로 전투준비, 부대 관리에 매진하던 모습이 눈에 선합니다. 이 책은 군(軍) 생활을 시작하는 초임간부와 병사들에게는 나침반이 되고, 중견간부들에게는 디딤돌이 되어 주리라 생각됩니다. 야전 지휘관의 고뇌와 생각을 계절이 지나가는 그대로 자연스럽게 전달해 줌으로써 때에 맞춰 군대의 핵심 업무를 이해하고, 해결할 수 있는 지혜를 알려 주고 있습니다. 이 책의 깊이와 배려, 지휘관의 설렘과 기대, 성과를 달성하기 위한 열정을 사랑하고, 순수하고 곧은 저자의 리더십과 지휘관으로서의 카리스마를 사랑합니다. 책을 읽고 나면 야전 여단장을 성공적으로 완수한 지휘관의 지휘력을 간접 경험할 것이며, 이겨 놓고 싸우는 선승구전(先勝求戰)의 정신을 이해할 수 있을 것입니다. 군(軍) 생활을 시작하는 초급간부들은 물론 부대 지휘의 방향을 찾기 위해 고민하는 중견간부들의 리더십에 보탬이 될 것으로 생각되어 권장합니다.

소장 김관수

대대를 지휘하는 대대장으로서 부대 운영 간에 가장 주목해야 하며, 참고해야 할 것은 상급지휘관의 부대 운영 방향과 중점일 것입니다. 상급지휘관의 지휘 철학과 부대 운영 방향을 제대로 파악하지 못한 채 부대를 지휘하다가는 자칫 잘못된 시기와 방법 등으로 인해 부하들의 수고로움이 더해질 수밖에 없는 상황을 맞이하기 마련이기 때문입니다. 이런 점에서 저자가 여단장 재임 기간 중 매주 부하들에게 전한 편지는 예하 전 부대원이 동일한 목표 의식과 방향성을 가지고 지휘관의 부대 지휘에 참여한다는 One-Team 의식을 심어 주었습니다. One-Team이 된 부대원들은 지휘관의 지휘 철학과 부대 운영 방향성을 고려하여 나름의 방법으로 효율적인 임무 수행을 할 수 있었습니다. 가끔 편지를 통한 따뜻한 격려와 따끔한 충고는 개개인의 부대 생활을 돌아볼 수 있는 귀한 계기를 만들어 주기에 충분했다고 생각합니다.

중령 이민섭

인간은 언어(Language)를 통해서 생각을 말과 글로 표현하며, 타인에게 감정, 기분 등 의사를 전달하는 능력을 발전시켰고, 언어를 통해 더 많은, 더 깊은 발전을 이룩했습니다. 우리 군 조직에 있어 언어, 특히 글(Writing)은 상급자의 의도 표현에 있어 가장 큰 비중을 차지하고 있습니다. 육군 최말단 조직체인 소대급 지휘자는 조직원 앞에서 자신의 생각을 '말(Speech)'로 표현하고 그 의미를 명확하게 하급자에게 전달할 수 있지만, 부대 규모가 커지면 커질수록 조직 구성원들에게 지휘관의 의도를 명확하게 투영시키는 것은 동서양을 막론하고 가장 어려운 부분 중 하나일 것입니다. 저자는 그 어려움을 해결하고자 조직 구성원들에게 글

(Writing)로 자신의 생각과 지휘 의도를 표현했고 소통하였습니다. 글을 통한 소통을 통해 부하들에게 한층 더 가까이 다가갈 수 있었고, 부하들은 지휘관의 지휘 의도를 명확하게 이해하고 본인들에게 부여된 명시·추정 과업을 염출해서 부대가 지휘관의 의도대로 유기체가 되어 한 방향으로 나아갈 수 있었습니다. 이 책은 조직 구성원이 하나 되어 부여된 과업을 분석하고 효율적으로 해결해 나가는 방향을 제시하는 책으로, 군인들만이 아니라 현시대를 살아가는 사람들에게도 유익하고 도움이 될 것입니다.

소령 황경하

중대장으로서 2차 상급 지휘관인 여단장의 지휘 방향과 생각을 듣기란 어려운 일이지만 우리 부대에서만큼은 아주 쉬운 일이었습니다. 매주 단순히 편지를 보내는 것만이 아니라 부하들과 소통한 것에 꼭 답을 주시는 모습에 큰 감명을 받았습니다. 소통은 부대를 지휘하는 데에 기본적인 조건이지만 가장 중요한 것입니다. 군에서는 소통이 일방적인 경우가 많은데 여단장님부터 솔선수범하여 전 장병과 소통하는 모습을 보며 '양방향 소통'이 중요하다는 것을 알게 되었습니다. 소통을 통해 오해 없이 서로 이해할 수 있는 부대의 분위기가 만들어졌듯이 이 책을 읽는 간부들도 소통의 중요성을 알 수 있을 것입니다.

대위 이건국

임관 후 교육 기관에서 배운 지식만으로 소대 지휘자 임무를 100% 수행하기 어려웠지만, 지휘관의 지혜와 군 경험을 바탕으로 작성된 편지를 매주 정독하며 군인의 임무, 자기 계발, 임무 수행에 있어 많은 노하우를 얻었습니다. 나의 부족했던 부분을 많이 보완할 수 있었고, 앞으로도 편지에서 터득한 것들을 바탕으로 군 생활을 이어 간다면 100점 지휘자는 아니어도 100점에 근접하는 지휘자가 될 수 있지 않을까요? 초급 간부들은 꼭! 정독해야 할 편지인 것 같습니다. 추천합니다.

중위 김유진

사람들은 비가 온 뒤 찾아오는 무지개를 보며 감탄합니다. 저에게 이 책은 마음속에 무지개를 만들어 준 멋진 글이었습니다. 이 책에는 많은 보물이 무지개 일곱 빛깔이 되어 숨어 있습니다. 리더로서 혼자만이 감당하고 고뇌하는 인간미, 조직원들이 갖추어야 할 덕목, 더불어 살아가야만 하는 조직이 가지는 특성과 방향성, 또한 인간의 존엄과 가치 등. 그 속에서 펼쳐지는 저자가 전하고 당부하고 싶은 말들이 때론 강하게, 때론 부드럽게 조직원들을 감동시키고 공감하고 따르게 만드는 놀라운 리더십이 숨어 있습니다. 이 책을 읽으면 하나하나의 소중한 편지가 보석처럼 아름다운 한편의 드라마가 되어 여러분의 마음을 뭉클하게 만드는 놀라운 경험을 하게 될 것입니다. 리더로서, 아니면 조직의 구성원으로서 본인의 일이 잘 풀리지 않을 때 이 책을 읽어 보길 권합니다. 아마 여러분도 분명히 저처럼 마음속 무지개가 뜰 것입니다.

원사 김광호

소통이란 무엇일까요? 진정한 소통은 언어를 넘어 마음을 이해하는 것이라는 명언이 생각납니다. 각박하고, 개인적 성향으로 팽배한 삶과 시간 속에 80번의 소통이 담긴 이 책은 지휘관으로서 19개월간 전우와 부단히 소통하고자 했던 마음이 담겨 있습니다. 지휘관으로서 무엇을 어떻게 해 달라는 이야기보다 무엇을 어떻게 하겠다고 약속했던 진심의 소통! "제가 어디에서 어떤 직책으로 있든 여러분을 응원하고 돕겠습니다"라는 마지막 편지는 여단장 재임 기간 어떠한 마음으로 부대를 지휘했는지 알 수 있게 했고, 우리는 그 소통 속에서 더욱 따뜻한 성장을 할 수 있었습니다. 지휘관이라는 직책을 넘어서 진심으로 소통하고자 했던 전우의 편지를 추천합니다.

상사 이호권

첫 취임 인사를 시작으로 이임하시는 날의 마지막 인사까지 총 80통의 편지를 받아 보며 많은 생각과 고민을 하게 되었고 저는 이를 통해 행복하고 더욱 발전된 군 생활을 하고 있습니다. 지휘관의 편지라는 것이 워낙 생소했던 탓에 첫 편지를 받고 조금만 지나면 편지가 오지 않을 거라고 생각했지만 제 예상과는 다르게 재임하시는 동안 한 주도 빠짐없이 편지가 도착해 있었습니다. 현장에서 직접 뵐 때 항상 부대와 부대원에게 깊은 관심을 가지고 계신다는 것을 느낄 수 있었지만 편지를 통해서 우리에게 얼마나 관심을 가지고 계신지, 지금 시점에 중요한 것이 무엇인지 더 명확하게 알 수 있었고, 항상 소통하고 있다는 느낌을 받을 수 있었습니다. 저 또한 편지에서 강조하신 부분들을 생각해 보면서 부대 지휘관의 관심, 소통과 공감은 그 부대의 전투력을 더욱 최고로 끌어올릴 수 있다는 생각을 갖게 되었고, 제가 지휘하는 부대원들에게 어떻게 다가가야 하는지, 어떤 것을 강조해야 하는지, 소통과 공감을 위해 어떻게 노력해야 하는지를 알 수 있었습니다. 부대 발전과 부대원과의 소통을 위해 노력하는 모든 간부에게 정말 유용한 책이라 자신합니다.

중사 성준형

군인에게 찾아오는 가장 무서운 적은 바로 매너리즘입니다. 매일 같은 작전과 교육 훈련, 작업을 반복하다 보면 회의감이 들기도 하고, 귀찮다고 대충 지나치는 일도 있습니다. 각자 숭고한 신념을 품고 국가를 위해 헌신하고자 다잡은 굳은 결심도 반복해서 찾아오는 나태함의 유혹에 의외로 간단하게 깨져 버리고 맙니다. 그래서 우리는 초심을 잃지 않고 결심을 더 견고히 하기 위해 멘토를 구합니다. 상관이어도 후임이어도 상관없고 책 속의 글귀여도 상관없습니다. 누군가에게는 이 책이 소중한 멘토가 되리라 믿습니다. 이 책을 읽는 모든 분이 한 단락씩 마음속으로 곱씹어 보며 하루하루 소중하고 알찬 하루를 보내셨으면 좋겠습니다.

하사 이수백

이 책에 실린 내용들을 읽다 보니 저자와 매주 실시했던 간부 교육이 떠오릅니다. 우리가 중요하게 생각해야 하는 것이 무엇인지 어떤 태도를 가져야 하는지 보고 듣고 말했던 시간이었습니다. 누구나 본인이 가진 편견과 태도의 관성을 이겨 내고 발전하기란 쉽지 않습니다. 하지만 이 편지의 문장을 되새겨 보노라면 자연스럽게 나를 되돌아보는 순간들이 있었습니다. 내일 더 나은 내가 되고픈 누군가가 있다면 이 책을 추천하고 싶습니다.

8급 김미영

    이 글은 상급 지휘관의 지시 사항이나 부대 전달 사항을 전파하는 딱딱한 지휘 서신이 아닙니다, 편지라는 이름의 격려입니다. 매주 한 통씩 배달되는 편지에는 엄중한 꾸짖음과 작은 일도 주목하고 칭찬하는 따뜻함도 담겨 있습니다. 이 편지의 마지막은 항상 "여러분 모두를 사랑합니다"였습니다. 처음에는 사랑한다는 말을 인사치레로만 생각했었지만 10통, 30통, 50통, 80통의 편지가 쌓이고 쌓이면서 그 말 속에서 진심을 느낄 수 있었습니다. 전역한 지 10여 년이 지난 예비군 지휘관인 저에게 현역 시절보다 더 커진 애대심과 소속감을 느끼게 해 주었으니 현역 간부나 용사들은 더욱 큰 사랑으로 느껴졌을 것입니다. 이제 더는 제 메일함에 편지가 오지 않지만 저자의 지휘관으로서 엄중한 모습도, 인간으로서의 다정한 모습도 모두 담긴 이 편지를 모든 사람과 나눌 수 있어서 기쁩니다. 크고 작은 조직을 이끄는 리더들이 갖추어야 할 요소가 무수히 많다고는 하지만 이 80통의 러브레터를 읽어 본다면 필히 그 해답을 찾을 수 있으리라 생각됩니다.

예비역 소령 김형균

프롤로그

들어가는 말

  이 책은 여단장으로서 19개월 동안 부대원들에게 보낸 편지를 엮은 글입니다. 여단장으로 취임하면서 넓디넓은 책임 지역에 그 많은 부대원과 어떻게 소통을 해야 할지를 고민하다 제가 선택한 방법은 '편지'였습니다. 매주 여단의 전 간부들에게 보내는 편지를 통해 한 주간의 일을 돌아보고, 시기별로 중요한 강조 사항을 전하기도 하고, 앞으로 진행될 훈련에 대해 설명하거나, 군인으로서의 마음가짐, 복무 자세에 대한 다양한 이야기를 나누기도 했습니다.

  귀찮을 거라 우려하는 분도 있었지만, 재임 기간 동안 여단 본부에 있는 저부터 저 멀리 해안 소초에 있는 하사까지 같은 주제를 가지고 다양한 생각을 하길 바랐습니다. 또 그 의견을 자유롭게 나누기를 기대하는 마음에 즐거운 마음으로 편지를 써 내려갔습니다. 많은 사람이 함께 만들어 가는 여단이라는 큰 조직에서 제 글이 구성원들과의 좋은 소통의 방법 중에 하나가 되기를 바랐습니다.

  사실 매주 편지를 보냈을 때 초반에는 반응이 별로 없었습니다. 그도 그릴 것이 군(軍)이라는 수직적인 조직에서 부하들이 지휘관에게 편하게 의견을 제시하기란 쉽지 않기 때문입니다. 그러나, 한주 한주 시간이 흘러가면서 저의 의도와 진심을 알게 된 부대원들이 공감이 가는 내용에 대해 잘 읽었다는 메시지를 주거나, 본인의 의견을 적어 다시 메일을 보내주기 시작했습니다. 그렇게 생각을 나눈 덕분에 저 또한 미처 몰랐던 부분을 알게 되었고, 다른 방향으로 생각해 보는 시간을 갖기도 하였습니다.

임기를 마치고 부대를 떠나던 날, 직할 중대의 김○○ 중위가 그동안 받은 편지 글을 모두 출력해서 모아 놓은 묵직한 상자를 내밀며, 앞으로 군생활을 하는 동안 여단장 편지의 내용을 마음에 새기겠노라고 이야기했습니다. 그 말을 들으며 '내 편지가 여단의 많은 간부들에게 유용했구나'라는 생각을 하게 되었고, 다른 간부들에게도 도움이 될 수 있겠다 싶어 편지를 엮어 책으로 만들겠다는 결심을 하였습니다.

사실 해안 경계 임무를 담당하는 것은 우리 여단만이 가진 고유한 임무이고, 부대 개편을 추진하는 과정은 그 시기의 특수한 상황이기 때문에 모든 간부와 모든 부대에 이 글이 효용성이 있을지 의문이 들기도 했습니다. 그러나 부대의 임무나 상황이 아무리 바뀐다고 할지라도 국가와 국민을 지킨다는 군인의 사명과 우리가 가져야 하는 마음가짐 및 자세는 시간과 장소, 상황을 가리지 않고 불변하기에 어느 부대의 어떤 이가 읽어도 의미가 있으리라 생각합니다.

매주 부대원들에게 강조하고 싶은 내용을 자연스럽게 전하려다 보니 표현이 서툴기도 하고, 문맥상 앞뒤가 바뀐 것들도 일부 있으나, 원문을 최대한 살리는 것이 현실감을 살리고 의미 있다고 생각하여 그대로 두었습니다. 또한, 가급적 개인적인 이야기는 삭제하였으나, 반드시 소개할 만한 사람들에 대해서는 ○○으로 표시하였습니다.

이 책이 나오기 위해 응원해 준 아내와, 편집에 도움을 주신 혜미 씨, 졸저의 출판을 허락해 준 지식과감성# 출판사에 감사드립니다.

2024년 7월
박세호

Chapter 1. 임무를 시작하며

여단장 편지 01(5월 넷째 주)

따뜻한 환영에 감사를

  자랑스러운 충절부대 장병 및 군무원, 그리고 예비군 여러분! 지난 27일 취임한 박세호 대령입니다. 먼저 저를 따뜻하게 환영해 준 여러분 모두에게 감사의 인사를 전합니다.

  저는 취임사에서 어떤 부대를 만들겠다, 어떻게 해 달라는 말보다 여단장으로서 무엇을 어떻게 하겠다는 제 다짐을 전했습니다. 여러분도 알다시피 여단이라는 제대는 매우 큰 조직입니다. 이에 여단장인 제가 모든 것을 알 수 없고, 모든 것을 결정할 수는 없습니다. 또한 저 혼자만의 생각으로 우리 여단을 이렇게 저렇게 만들 수는 없습니다. 모두가 함께 만들어 가야 하는데, 여기에서 가장 중요한 것은 무엇일까요? 그것은 바로 소통입니다. 저는 소통이 되어야 그다음 발걸음을 뗄 수 있다고 생각합니다.

  여단장으로서 여러분과 소통하는 방법은 여러 가지가 있겠지만 그 하나의 방법으로 글을 통하여 생각을 전하고자 합니다. '여단장 편지'라는 이름으로 제가 우리 부대원에게 전하고 싶은 내용이 있을 때마다 작성할 예정입니다. 편지에는 부대 운영의 방향성이나 주요 이슈에 대한 저의 생각, 시기별로 중요하게 관심 가져야 할 것들을 담을 예정이고, 이를 통해 여러분과 다양한 소통을 할 수 있기를 기대합니다.

물론 소통은 양방향으로 이루어지는 것입니다. 편지를 보내기만 한다고 그것이 소통이라고 할 수는 없겠지요. 현실적으로 여러분 모두를 만나 이야기할 수 없어서 편지글이라는 가장 효율적인 방식을 택한 것일 뿐, 여러분의 생각과 의견은 메모, 메일, 문자, 전화 등 어떠한 통로로든 이야기해 주기 바랍니다. 저는 언제, 어디서든 여러분의 의견에 귀 기울일 준비가 되어 있습니다. 제가 보내는 편지에 "감사합니다", "열심히 하겠습니다"라는 형식적 댓글은 우리 사이에는 생략하도록 합시다.

자랑스러운 전우 여러분, 지난 금요일 이후 우리 부대에서 바뀐 것은 수많은 여단 구성원 가운데 딱 한 명, 여단장의 교체뿐이었습니다. 혹시 지휘관이 바뀌었다고 앞으로 어떤 게 바뀔지, 새로운 여단장에게 어떻게 적응해야 할지를 걱정하는 사람이 있나요? 그럴 필요 없습니다. 우리 부대는 지휘관 한 명의 생각으로 움직이는 조직이 아닙니다. 부대는 관련 법령과 규정, 지침에 의거 운영되며, 지금까지 여러분도 이를 근거로 임무를 수행해 왔을 것입니다. 다시 말해 여러분은 지금까지 해 오던 것을 그대로 계속하면 된다는 뜻입니다. 근거가 되는 법과 규정, 그리고 METT+TC[1)] 요소가 바뀌지 않는 이상 그대로 임무를 수행해 주면 됩니다.

저는 지난 1998년 임관하여 전·후방 여러 부대에서 다양한 직책을 경험했습니다. 그러나 여단장 임무 수행 간 이러한 경험은 모두 '0'의 상태

---

1) 전술적 고려 요소(METT+TC)는 작전을 수행하는 과정에서 의사결정의 기준을 제공하는 필수 요소로, 임무(Mission), 적(Enemy), 지형 및 기상(Terrain and Weather), 가용 부대(Troops and Support available), 가용 시간(Time available), 민간 요소(Civil considerations)의 여섯 가지를 말한다.

로 돌리고, 현재 우리 여단의 상황에 맞는 법과 규정, 지침 등을 바탕으로 여러분과 함께하면서 새롭게 모든 것을 쌓아 갈 계획입니다. 새로운 것보다는 지금까지 우리가 해 온 전통을 잘 살리고, 개선할 것이 있다면 모두가 머리를 맞대고 논의하여 최적의 방안을 찾는 방향으로 나아가고자 합니다. 지금까지 우리 여단은 잘해 왔고, 앞으로도 잘할 거라 믿기 때문입니다.

다만 여러분에게 당부하고 싶은 한 가지는 어떠한 임무를 기존의 방식대로 수행하더라도 그렇게 하는 배경과 이유가 무엇이고, 왜 하고 있는지에 대해 한 번 더 생각해 보기 바랍니다. 혹시 지금 여러분이 하는 임무를 왜 그렇게 수행하는지 설명할 수 없다면 지금 당장 그에 해당하는 규정이 무엇인지, 어떻게 하는 것이 정확한 것인지 찾아보고 바로잡아야 합니다. 이는 여단장이 바뀌고 안 바뀌고의 문제가 아닙니다. 특히 대대장 및 과장, 주임원사 등 주요 직위자들은 추진되고 있는 사항 중에 여단장이 바뀌었다고 진행되지 않는 일이 없도록 유의해 주고, 결심이 필요한 사항은 시간과 방법에 구애 없이 보고해 주기 바랍니다.

우리가 함께 한 방향으로 생각과 노력을 합친다면 여단 구성원 모두가 즐겁고 행복한 가운데 완전 작전을 실현할 수 있으리라 생각합니다. 여러분 모두의 건강과 행복을 기원합니다. 사람이 먼저고, 소통이 답입니다.

여러분 모두를 사랑합니다.

여단장 편지 02(6월 첫째 주)

소통의 최종 상태는 '이해'

이번 한 주는 여단장 취임 후 각 대대와 소초, 기지를 다녀오느라 바쁜 시간을 보냈습니다. 방문할 때마다 따뜻하게 맞이해 주고 잘 설명해 준 간부들과 진지한 표정으로 작전에 전념하고 있는 부대원들에게 감사의 말을 전합니다. 특히 지난 화요일 A 기지의 정○○ 이병이 TOD 감시 간에 불법 조업 사례를 포착하고, 신속한 상황 보고와 당직 계통의 완벽한 조치를 통하여 해경에 인계한 성공적인 작전 사례가 있었습니다. 우리 여단의 모든 부대가 열심히 하고 있어 이런 결과가 나온 것이라고 생각합니다. 여러분이 정말 자랑스럽습니다.

오늘은 두 가지를 강조하겠습니다. 먼저 완벽한 해안 경계 작전을 수행하기 위한 감시병의 중요성을 강조합니다. 우리 여단의 해안 경계 작전은 감시병이 레이더, TOD, CCTV 등의 각종 감시 장비의 모니터를 상시 주시하는 것에서부터 시작됩니다. 소초 상황실의 상황간부, 중대장, 대대장, 여단장까지 모두 감시병의 최초보고로 말미암아 그 역할이 확대되기에 그렇습니다. 감시병이 최초보고를 해 주어야 상황 보고 및 전파, 제대별 기동타격대 출동 및 추가 자산을 활용한 차단 등 상급부대의 역할이 시작됩니다. 따라서 완벽한 해안 경계 작전을 수행하기 위해서는 먼저 감시병들이 해당 근무 시간에는 철저한 사명감으로 모니터를 주시하고, 평상시와 조금이라도 다른 것이 있다면 아무리 사소한 것이라도 즉각 보고해야 합니다.

이를 위해서 간부들은 감시병을 잘 교육하고, 감시하는 것에만 집중할 수 있는 여건을 보장해야 합니다. 소초 및 기지의 감시병이 잘 먹고, 잘 자고, 잘 쉴 수 있게 해 주고, 상황실에서도 감시에만 온전히 집중할 수 있도록 해 주어야만 감시병들이 자신의 근무 시간에 집중할 수 있게 되고, 이를 통해 해안 경계 작전이 제대로 시작될 수 있음을 명심해 주기 바랍니다.

두 번째, 지난번 강조했던 소통을 다시 한번 강조하려고 합니다. 우리가 소통하는 이유는 무엇일까요? 제가 생각할 때 소통의 최종 상태는 '이해'입니다. 소통해야 서로의 현재 상태를 알고, 그 배경과 이유를 알 수 있습니다. 소통하지 않는다면 어떨까요? 서로 간에 오해가 생기고 서로를 불신하게 될 수 있습니다. 소통하지 않으면 상대방이 어떤 생각을 하는지, 어떤 상태에 처해 있는지 알 수 없습니다. 현재 상태를 알 수 없으니 미래를 예측할 수도 없습니다.

제가 대대나 소초, 기지에 찾아가서 듣고 싶은 이야기는 "잘하고 있습니다", "괜찮습니다"가 아니라 "어렵습니다", "힘이 듭니다"와 같은 말입니다. 여러분이 잘하고 있고, 괜찮다고만 말하면 여단장인 제가 할 일이 없습니다. 잘하고 있고, 필요한 것이 없다는데 여단장이 무엇을 해 줄 수 있을까요? 저는 여러분들의 얼굴 표정만 봐서는 무엇이 힘들고 왜 어려워 하는지 알기 어렵습니다.

여러분이 저에게 이야기해 주는 것이 있다면 여단 및 여단장의 권한과 능력 내에서 즉시 조치하겠습니다. 여단에서 조치가 제한된다면 상급부대에 즉각 건의하고 진행 상황을 추적하겠습니다. 물론 여러분의 어려움이 한순간에 모두 해소되지는 않을 것입니다. 그렇다 하더라도 서로의 어려움을 알고 있는 것만으로도 우리는 이해하고, 위로받을 수 있습니다.

취임 후 여단 간부들에게 개인 또는 부대의 어려움, 부대 발전을 위한 제언이 있다면 소통해 주기를 원했는데, 일주일이 지난 지금 여덟 명의 간부가 메모를 보내 주었습니다. 여덟 건의 메모를 읽으며 그들이 얼마나 부대를 생각하고 부하를 사랑하는지 알 수 있었고, 제가 미처 몰랐던 내용 또한 담겨 있어서 매우 유익했습니다. 부대를 위해 조언을 아끼지 않는 것이야말로 진정한 부하라고 생각합니다. 상기 여덟 명에 대해서는 올바른 병영 문화 조성 유공으로 표창하겠습니다. 앞으로도 여러분이 하고 싶은 이야기가 있다면 언제든지 소통해 주기 바랍니다. 늘 기다리고 있겠습니다.

다음 주 월요일은 현충일입니다. 우리가 6월 6일 하루를 편하게 쉴 수 있는 것은 국토방위에 목숨을 바치고 나라를 위해 희생하신 분들 덕분에 가능한 일입니다. 각 부대에서는 월요일 점호 시간에 「현충일의 노래」를 다 같이 들어 보고 가능하다면 함께 불러 보는 것도 좋겠습니다.

여러분 모두를 사랑합니다.

여단장 편지 03(6월 둘째 주)

보고는 평소와 다른 것을 있는 그대로!

여단장 취임 후 지난 2주간, 여단의 모든 주둔지(대대, 소초, 기지)를 방문하고 공용화기 야간사격 현장과 경비정을 타고 진행되는 해상 순찰도 함께 해 보는 등 우리 여단의 주요 훈련과 작전 현장을 다녀 봤습니다. 부대 곳곳에서 여러분 한 명 한 명의 정성과 노력을 볼 수 있었던 것은 큰 성과였습니다. 소초 및 기지의 상황실에서 모니터를 주시하는 날카로운 눈빛과 좁디좁은 취사장에서 동료를 위해 맛있는 밥을 짓고 있던 젖은 손, 훈련을 준비하며 이리저리 뛰어다니던 갈색 전투화 등이 제 눈앞에 아른거리는 이미지입니다. 생각할수록 마음이 따뜻해지고 든든한 여러분의 모습입니다. 각자의 자리에서 최선을 다하고 있는 여러분이 자랑스럽습니다.

오늘의 강조 사항은 두 가지인데, 먼저 상황 보고입니다. 제가 생각하는 상황 보고의 정의는 '평상시와 다른 모든 것은 인지 즉시, 있는 그대로 보고한다'입니다. 여러분은 그 상황이 긴급 상황 보고 목록인지, 수시 보고 목록인지, 합참(합동 참모 본부)에 보고해야 하는지 육본(육군 본부)에 보고해야 하는지를 고민할 필요가 없습니다. 그냥 있는 그대로 즉시 보고하면 됩니다.

　보고의 대상은 평상시와 다른 모든 것입니다. 보고를 할지 말지 망설일 필요도 없고, 어떻게 보고할지 고민할 것도 없습니다. 설명이 안 되면 사진을 보내도 좋습니다. 형식도 제한 없습니다. 그것을 상급부대로 보고할지 말지는 여단에서 정하겠습니다. 이 상황 보고의 내용은 작전적인 것에만 해당하는 것도 아닙니다. 식사 시간에 먹은 음식이 이상해도, 생활관 시설물이 고장 나거나, 영내에 위험한 물건이 보여도 즉시 보고해야 하고, 취침 시간에 옆 전우의 상태가 이상해도 보고해야 합니다.

　저도 상황 보고를 잘 접수하기 위해 여단 지휘 통제실 근무자나 당직 근무자들을 잘 교육하겠습니다. 그리고 여러분이 보고한 내용이 무엇인지 되묻지 않도록 현장을 자주 방문하고, 작전을 체험하면서 현장 감각을 키우도록 노력하겠습니다.

　두 번째 총기·탄약 관리입니다. 우리 군(軍)은 무력을 사용하는 집단으로 그 무력은 우리가 보유하고 있는 총기와 탄약에서 비롯됩니다. 총기와 탄약은 우리가 적과 맞서 싸워 이길 수 있는 유일한 수단이지만 그 자체가 가지고 있는 위험성으로 인해 반드시 지켜야 하는 규정이 있습니다. 그 규정은 누구는 지켜야 하고 누구는 지키지 않아도 되는 것이 아닙니다.

　저 역시 총기를 수령하거나 반납할 때 누구에게도 위임하지 않고 직접 하고 있습니다. 서명 역시 실시간 직접 합니다. 총기·탄약 관련 규정의 준수에 있어서는 그 어떤 것에도 양보하지 말고 우선하여 시행해 주기 바랍니다. 총기와 탄약 열쇠를 방치해서는 안 되고, 임무 수행 간에도 총기와 탄약을 먼저 확인해야 합니다. 규정을 지키지 않으면 적에게 사용해야 할 총기와 탄약으로 인해 나와 나의 전우가 다치거나 목숨을 잃을 수도 있습니다.

이번 한 주 동안 저에게 연락을 준 전우는 모두 스물한 명입니다. 지난주에 이어 너무나 좋은 내용이었습니다. 보내 준 모두에게 감사합니다. 그러나 이번이 끝이 아니고 이후에도 생각나는 것이 있으면 언제든지 의견을 보내 주기 바랍니다. 여러분이 보내 준 내용은 접수한 순서대로 규정, 상급부대 지침, 우리 부대의 실태 등을 토대로 하나하나 확인하고 있습니다. 많은 내용을 한 번에 처리할 수 없으니 즉각적인 조치나 답변이 없더라도 이해해 주기 바랍니다.

혹시 여단의 간부 중에 중간 지휘 과정을 거치지 않고 여단장에게 부대의 실상을 알렸다고 해서 이를 기분 나빠하거나 보고하지 말라고 하면 안 됩니다. 제가 실상을 알았다고 해도 그 중간 지휘자에게 책임을 묻지 않습니다. 물론 어떤 사람이 법과 규정에 하지 않도록 명시된 가혹 행위나 폭언·욕설 등을 했거나 개인적인 비리가 있다면 그 책임을 당연히 묻겠지만 그 외의 사항들은 책임을 묻지 않겠습니다. 여러분이 정상적으로 군 복무를 하고, 평상시 군(軍)을 위해 헌신적으로 애쓴다고 하더라도 부여된 과업을 100% 완벽하게 완수한다는 것이 불가능에 가깝다는 것을 알고 있기 때문입니다. 저 역시 놓치는 것이 있을 것입니다. 보고를 통해 해야 하는 것을 잊고 있었음을 깨달았다면 그때부터 인지하여 시행하면 되는 것이고, 잘 몰라서 못했다면 그 내용을 다시 배우고 실천하면 됩니다.

만약 제가 모르는 내용이 상급부대로 보고된다고 하더라도 저는 그 사람이나 부대를 탓할 생각이 전혀 없습니다. 그렇게라도 제가 알게 되고, 보고자나 보고 부대가 가진 문제가 해결된다면 오히려 좋은 일이기 때문입니다. 여단 차원에서 조치해 주지 못한 사항들이 있거나, 지금 당장 답답하고 정말 어려운 상황이라면 여러분은 누구에게라도 도움을 요청할 수 있습니다.

누구라도 혼자서 고민하고 어려워하는 일은 없어야 한다고 생각합니다. 당장 해결되지 않더라도 고민을 옆 사람과 나누면 한결 나아집니다. 주변 사람과 어려움을 이야기하면 혼자서는 몰랐던 방법이나 아이디어가 나오기도 하고, 실제 해결해 줄 수 있는 사람에게까지 전달될 수도 있습니다. 앞서 나가는 것도 좋지만 주변 사람도 돌아보고, 뒤처져 있는 사람이 있는지 확인해 가면서 함께 걸어가 봅시다.

여러분 모두를 사랑합니다.

여단장 편지 04(6월 셋째 주)

자기 역할에 충실하기를

이번 주에는 여단의 모든 부대가 사단으로부터 예비군 훈련 준비 사열을 받았습니다. 2년여 만에 실시하는 훈련이고, 일부 부대는 임무가 변경되는 등 어려운 점이 많았음에도 불구하고 잘 준비된 모습을 보았습니다. 애써 준 부대원들 모두 고생 많았습니다.

오늘은 먼저 군(軍)의 역할에 관해 이야기하겠습니다. 우리는 밤이든 낮이든 불이 나거나 화재 현장을 목격하였을 때 119에 신고합니다. 그러면 가장 가까운 소방서에서 출동해서 불을 끕니다. 혹은 범죄 현장을 목격하거나 위험한 상황에 부닥친다면 즉시 112에 신고합니다. 그러면 가장 가까운 경찰관이 현장에 도착해서 범죄자를 체포하거나 위험한 상황을 해결합니다. 대부분의 사람은 신고할 때 소방서나 경찰서에 출동할 사람이 있을까, 없을까를 고민하거나 출동하는 사람의 임무 수행 능력이 부족하지 않을까를 고민하지는 않습니다.

그럼 만약에 어떤 사람이 적의 침투나 도발 상황을 목격했다면 그 사람은 어디에 신고할까요? 당연히 군(軍)입니다. 우리 국민들은 신고를 받은 군인들이 즉시 출동해서 국민을 잘 지켜 주고 적을 막아 낼 것이라고 생각합니다. 또한 군인이라면 적의 침투 및 도발이 있을 시 목숨이 위태롭더라도 헌신적으로 싸워 이겨서 우리 국가와 국민을 구해 주리라 기대하고 있습니다. 아무도 이러한 군(軍)의 임무 수행이 제대로 되지 않으리라 의심과 걱정을 하지 않습니다. 이는 우리의 역할이기 때문입니다.

제가 이렇게 역할에 대해 이야기한다고 해서 너무 어렵게 생각하지 않아도 됩니다. 여러분은 이미 군인으로서의 역할을 충실히 해내고 있습니다. 여러분 한 명 한 명이 자기 역할을 잘 수행하고 있기에, 이러한 개인의 역할이 모여 팀, 분대, 소대, 중대, 대대의 역할을 충분히 감당하고 있는 것이기 때문입니다.

누구의 역할이 더 중요하고 덜 중요한 것이 아닙니다. 각자의 위치에서 부여된 임무를 수행하는 것 자체가 모이고 모여 각 제대의 역할이 되는 것이고, 더 나아가 우리 군(軍)의 역할이 되는 것입니다. 여러분도 본인의 역할을 잘 수행하는 것이 결국 군(軍) 전체가 역할을 잘 해내는 것임을 기억하고 노력해 주기 바랍니다. 저도 여단장으로서의 역할에 충실하되 특히 여러분들이 역할을 수행함에 있어서 제한 사항을 해소하는 것에 중점을 두고 노력하겠습니다.

두 번째 강조 사항은 서로를 좀 더 알고 관심을 표현하면서 지내기를 바란다는 것입니다. 지금 여러분 주변 사람 중 몇몇을 떠올려 보세요. 그 사람이 고향이 어디고, 취미는 무엇이고, 좋아하는 음식이 무엇이고, 이성 관계는 어떤지, 결혼은 했는지, 자녀는 있는지, 건강은 어떤지 생각해 보는 겁니다. 그렇다고 학연, 지연 등을 강조하고, 신상을 터는 것이라는 오해는 말아 주길 바랍니다. 다만 상대방에 대해 알면 알수록 상대의 행동에 대해 오해하지 않을 수 있고, 상대에 대해 보다 쉽게 이해할 수 있다는 이야기를 하고 싶습니다.

사람을 이해하면 답답하거나 짜증이 나는 빈도가 줄어듭니다. 생일 같은 기념일에 선물이 없더라도 가벼운 축하 인사를 전하는 것만으로 부대의 분위기는 좋아지고, 몸이 좋지 않을 때 건네는 안부 한마디가 서로의 관계를 개선할 수도 있습니다. 어렵게 생각하지 말고 지금 주변 사람들에게 가벼운 한마디라도 먼저 건네 보는 건 어떨까요?

마지막으로 지난주에 상황 보고에 대해 강조했는데 한 가지 더 덧붙이려고 합니다. 상황 보고는 그 보고 시간이 중요합니다. B 소초에서 14:00에 전화로 상황 보고를 했는데, 보고를 하다 보니 2분이 소요되어 전화를 끊은 시간이 14:02라면, 상황 보고 및 접수 시간은 14:02가 됩니다. 상황 보고를 받은 사람이 완전히 인지한 그 시각이 바로 상황 보고 시간입니다. 상황 보고 시간의 개념에 대해 잘 숙지하고 필요한 부대원들에게도 교육해 주기 바랍니다. 이번 한 주도 모두 고생 많았습니다.

여러분 모두를 사랑합니다.

여단장 편지 05(6월 넷째 주)

바로 옆에 있는 전우에게 관심을

어제는 간만에 많은 비가 내렸습니다. 이번 강우로 C 대대 유격 훈련이 연기되고, 작전이 일부 조정되기도 했지만, 큰 문제가 발생하지 않았던 것은 모두 여러분이 현장에서 잘 판단하고 조치한 덕분입니다. 또한 최근까지 우리가 주둔하고 있는 충남 서북부 지역의 심했던 가뭄이 많이 해소되어 지역 주민들의 걱정이 한결 줄어들어 다행이기도 합니다. 앞으로도 폭우, 폭염이 반복되는 날씨가 계속될 텐데 필요시마다 여단에 보고하여 승인받기를 기다리지 말고, 현장에 있는 사람들이 판단하여 작전 및 부대 운영도 과감하게 '안전'을 최우선으로 조정해 주기 바랍니다.

오늘도 두 가지를 강조하겠습니다. 첫 번째는 바로 '옆 사람'에게 '지금' 관심을 갖자는 것입니다. 여러분은 ○○지역 향우회, ○○고등학교 동문회, ○○부대 전우회처럼 같은 지역, 같은 학교, 같은 부대 출신들끼리 모임이 조직되는 경우를 흔히 보았을 것입니다. 물론 비슷한 경험을 한 사람을 만나면 왠지 친근감이 들고, 싫다가도 좋아지고, 안 되는 것도 되는 경우가 있습니다. 이것이 무조건 나쁘다는 것은 아닙니다. 다만, 그들이 과연 지금 옆에 있는 동료들과는 어떻게 지내는지 궁금합니다. 현재의 위치에서도 예전의 추억만을 떠올리며 과거의 같은 지역, 같은 학교 출신만을 찾는 것은 아닐까요?

  함께 살아 본 적도 없고, 학교에서 얼굴 한 번 보지 못한 같은 고향, 같은 학교 출신을 찾는 것보다 지금 바로 옆의 사람에게 관심을 가져 봅시다. 입대 동기, 선임, 후임, 분대장과 분대원, 소대장과 소대원, 팀장과 팀원 등 여러분과 지금 이 시간에도 함께 생활하고, 작전하고, 운동하고 있는 바로 옆의 사람들. 그들이야말로 당신을 도와줄 전우이고, 당신이 도와야 할 전우입니다. 다음에 만났을 때 잘해 주겠다는 생각보다는 지금 함께 있을 때 한 번 더 생각하고, 이해하고, 도와주고, 사랑하며 지내는 우리가 되어 봅시다.

  두 번째는 '상황 보고'에 대한 내용입니다. 지난번에도 강조했지만 상황 보고는 평소와 다른 내용이면 인지 즉시 보고해야 합니다. 보고의 종류는 여러 가지가 있지만 순서에 따라 최초보고, 중간보고, 최종보고로 나눌 수 있습니다.

  먼저 최초보고는 신속성이 우선입니다. 내용이 약간 틀려도 괜찮습니다. 혹시 잘못된 주민 신고를 받고 상황 보고를 하여 5분 대기조나 정보분석조가 출동하고, 대대장과 여단장 등 주요 직위자나 각 부대별 초기대응반 혹은 위기 조치반이 소집되었다고 해도 저는 그 누구에게도 책임을 묻지 않겠습니다. 그저 불시 소집 훈련 한번 했다고 생각하면서 마음 편히 받아들이겠습니다.

  반면에 중간보고 시 가장 중요한 것은 정확성입니다. 최초보고를 통해 상황을 인식하고 초기 대응을 했다면, 중간보고를 통해 판단 및 조치할 수 있도록 보다 면밀하게 구체적으로 확인하고 보고를 해야 합니다.

이러한 중간보고는 상황이 종결될 때까지 여러 차례 보고를 하는데, 현장에서 추가적인 상황을 확인하거나 부대별 조치하는 내용들을 보고하면 됩니다.

최종보고는 모든 상황이 종결되었을 때 실시하는데 자세한 설명은 생략하겠습니다. 여러분이 현장에서 사소한 것이라도 보고를 해야 여단장인 제가 알 수 있고, 적절하게 판단하고 조치할 수 있습니다. 여러분이 보고하는 순간 그 상황 관리의 책임은 보고받는 여단장에게 있습니다.

다음 주는 6월의 마지막 주입니다. 각 부대에서는 전반기를 마무리하고, 후반기를 시작하는 시점에서 순기 업무를 잘 확인하고 조치해 주기 바랍니다. 그리고 개개인도 올해를 시작하면서 세웠던 목표들이 있을 텐데 지난 6개월을 돌이켜 보고 다음 6개월을 어떻게 보낼지 각오를 다지는 시간도 가져 보기 바랍니다.

여러분 모두를 사랑합니다.

여단장 편지 06(6월 다섯째 주)

계절적 요인을 고려한 작전 태세 확립

이번 주 작전 지역에 많은 비가 내렸음에도 사전에 잘 대비하여 큰 피해가 없었고, 현장에서 실시간 조치하여 안전하게 지낼 수 있었습니다. 관련 부대원들에게 감사의 말을 전합니다.

기상과 관련하여 두 가지를 강조하고 싶습니다. 첫째는 계절적 요인을 고려한 경계 작전 태세 확립입니다. 이제 7월입니다. 7월부터는 우리 작전 지역의 해수욕장이 공식적으로 개장하여 행락객들의 활동이 급격히 증가하고, 이로 인해 경계 작전 태세도 느슨해지기 쉬운 시기입니다. 우리의 적은 바로 이러한 점을 노리고 있습니다. 우리가 잘 대비하고 있다지만, 적은 우리가 대비하고 있는 매뉴얼대로 침투하지 않습니다. 그러므로 우리는 항상 새로운 시각과 마음으로 모니터를 주시하고 해변을 살펴야 합니다. 지난달에도, 지난주에도, 어제도 아무 이상이 없었다고 해서 오늘도 괜찮은 것이 아닙니다.

각 부대에서는 해수욕장 개장에 대비하여 작전 시간과 장소 등을 탄력적으로 조정하고, 확인 체계를 재점검하는 등의 노력을 통해 경계 작전에 집중할 수 있어야 하겠습니다. 현장 지휘관들은 부대원들이 못하는 것을 지적하고 잡아내는 것이 아니라 작전에 집중할 수 있는 여건을 보장하고, 우수자는 과감하게 포상하여 우리 모두가 적극적으로 작전에 임하도록 합시다.

두 번째는 여름철 안전입니다. 제가 가장 우려하는 여름철 안전 위해 요소는 온열 손상과 식중독입니다. 부대에서는 여름철 온열 손상의 대비책으로 혹서기 일과표를 적용하여 작전과 훈련을 시행하고 있으나, 모든 부대 활동을 선선할 때만 할 수는 없습니다. 그리고 여단 및 대대 지휘 통제실에서 해안선 수색 정찰 작전 지역의 실시간 기상을 즉각적으로 파악하기 어렵습니다. 또 더위에 대한 개개인의 적응도와 그날그날의 컨디션이 다르므로 여름철 야외 활동간 각자 스스로의 건강 상태를 확인하여 조금이라도 몸에 이상이 생기면 즉시 보고하고, 조치받을 수 있어야 합니다. 현장의 지휘관 역시 부대원들의 상태를 항시 살피고 즉각적으로 조치할 수 있는 기본적인 능력을 갖추고 있어야 합니다.

식중독은 더 무섭습니다. 부대 차원에서 식중독을 예방하기 위해 취사장 관리를 평소보다 더 위생적으로 하려고 노력하고 있음을 알기에 오늘은 개개인의 노력에 대해 강조하고 싶습니다. 요즘처럼 기온과 습도가 동시에 높은 상태에서는 음식물 변질이 무척 빨리 진행됩니다. 봉지를 뜯은 후 몇 시간이 지난 음식도 예전이라면 이상이 없었겠지만, 지금은 아닙니다. 냉장고에 있던 음식이라고 해서 마음 놓고 먹으면 안 됩니다. 냉장고 내부도 세균의 활동이 잠시 주춤할 뿐 아예 없는 것이 아닙니다. 충성마트에서 판매하는 음식이나 배달 음식도 모두 마찬가지입니다. 그러므로 각자 식사 전에 항상 음식의 상태를 살피고, 이상이 있으면 먹지 말고 즉시 보고하여 추가적인 조치를 해야 합니다.

제가 강조하는 여름철 안전과 관련된 내용은 결국 여러분 자신을 위한 것이고, 이를 통해 부대 전체가 안전해질 수 있는 것입니다. 반드시 유념하여 더운 여름을 건강히 지내도록 합시다.

오늘은 7월 1일입니다. 일 년이 아직 절반이나 남아 있습니다. 혹시 올 한 해 자신의 목표가 아직 덜 완성되었다 하여도 아직 실망하기에 이릅니다. 남은 6개월 동안 여러분 모두가 각자의 꿈을 이루길 기원합니다. 요즘 날씨가 덥고 습하여 짜증이 날 수도 있는 시기입니다. 옆에서 고생하는 전우에게 "덥지? 고생 많다"라는 격려의 말을 주고받으며 서로 이해해 주는 충절부대원이 됩시다.

여러분 모두를 사랑합니다.

여단장 편지 07(7월 첫째 주)

모든 업무의 바탕은 믿음

 지난 화요일 작전 사령부 회의에 참석하여 사령관님의 5관 3략[2]에 대한 특별 강연을 들었습니다. 설명을 듣고 보니 그동안 잘 알고 실천해 왔다고 여겼던 것이 그렇지 않을 수도 있겠다는 생각이 들면서 스스로를 돌아보게 되었습니다. 혹시 그동안 제가 했던 말과 행동들로 인해 조금이라도 서운함과 불쾌함을 느낀 부하가 있다면 진심으로 사과하고 용서를 구합니다.

 오늘은 다음의 두 가지를 강조합니다. 먼저 작전 보안입니다. '나의 죽음을 적에게 알리지 말라'는 말은 이순신 장군(1545~1598)이 노량해전에서 왜군의 총탄에 맞아 유명을 달리하실 때 남기신 말씀입니다. 모두다 한 번쯤 들어 보았을 텐데 저는 이 말이 작전 보안의 중요성을 알려 주는 말이 아닐까 생각합니다. 이순신 장군께서 총탄에 맞아 돌아가셨다는

---

2) 5관(管) 3략(略)은 존중과 배려의 선진 병영 문화 조성과 즐겁고 행복한 군(軍) 생활을 위한 강조 사항으로 다섯 가지의 자기 관리를 하고, 세 가지를 없애고, 세 가지를 잘하자는 내용을 담고 있습니다.
   5대 자기 관리: 음주, 이성, 돈, 말, 보안
   세 가지 없애기: 구타 및 가혹 행위, 폭언 욕설 인격 모독 행위, 질책 사생활 침해 행위
   세 가지 잘하기: 존중/배려, 칭찬/감사, 웃어 주기, 전우 사랑

것이 알려졌다면 어떻게 되었을까요? 아마도 왜군들은 큰 사기를 얻었을 것이고, 우리 군사들은 혼란에 빠져 오늘날의 노량해전은 패배의 전사로 남았을지도 모릅니다.

지금까지 우리는 군사 비밀만 외부로 유출하지 않으면 된다고 안일하게 생각해 왔습니다. 하지만 군사 비밀이 아니더라도 적이 알게 될 때 아군의 작전을 위태롭게 하거나 작전의 성공을 방해할 수 있는 아군의 의도, 능력, 활동 등 모든 것이 작전 보안에 해당하는 사항이며, 절대 외부로 유출하면 안 됩니다. 지금도 적들은 우리 군(軍)에 대해 알기 위해 모든 수단을 동원하여 알아보고 있습니다.

개개인이 사용하는 SNS부터 고향 집의 부모님께 어떤 훈련을 어디에서 어떻게 실시한다고 통화하는 것, 부대 근처 식당에서 우스갯소리처럼 떠드는 부대 상황이나 사람들에 대한 이야기까지도 모두 적들이 원하는 정보입니다. 오늘 여단에서는 실무자들을 대상으로 작전 보안에 대한 간부 교육을 진행하였습니다. 작전 보안은 주요 직위자만 지키는 것이 아니고 여단장부터 이등병까지 모든 부대원이 지켜야 합니다.

두 번째는 신(信), 즉 믿음입니다. 어제 모 행정 보급관이 제게 "일과 중 개인 승용차로 물품을 구매하러 가는 것에 대해 오해하지 않았으면 좋겠습니다"라고 이야기하기에 그것은 오해를 살 사안이 아니고, 오히려 개인 승용차를 이용해 부대에 필요한 물품을 구매하게 해서 미안하다고 말했습니다. 저는 우선 모든 부대원이 성실하게 자신의 임무를 완수하기 위해 노력하고 있을 것이라고 믿습니다. 행정 보급관이 급한 물건도 아닌데 공공연히 일과 시간에 물품을 사러 나가고, 나가서 개인 업무를 보고 영외에서 민간인을 만나고 시간을 낭비한다고 생각하지 않습니다.

저는 부하를 그저 믿어야 한다고 생각하고 있으며, 실제로도 여러분 모두 믿는 만큼 행동해 주고 있습니다. 오해하고 의심하면 끝도 없습니다. 믿어야 합니다. 믿고 맡겨야 하고, 믿음이 가지 않으면 믿음이 갈 수 있도록 알려 주고 가르쳐 주어 행동하게끔 해야 합니다.

저는 지금 이 시각에도 레이더와 TOD 모니터를 지켜보는 감시병이 졸릴지라도 눈을 비벼 가며 감시를 할 것이라고 믿습니다. 상황 관리 간부는 감시병 뒤에 앉아서 전체적인 상황을 주시하고 관리하고 있을 거라 믿습니다. 해안선 수색 정찰을 나간 간부가 힘들다고 중간에 생략하지 않고, 끝까지 이동하여 모든 해변을 샅샅이 확인할 거라고 믿습니다. 중대장이나 행정 보급관도, 대대장과 대대 주임 원사도 자신들의 역할을 성실하게 수행하고 있을 것이라 믿습니다. 이를 통해 우리 여단의 작전 태세가 향상되고 지속 유지될 것이라 믿습니다. 또한 여러분도 여단장인 제가 언제 어디서나 여러분과 부대를 위해 생각하고 노력하고 있을 거라 믿고 지내 주길 바랍니다.

마지막으로 각 부대는 집중 호우와 폭염에 대한 사전 조치를 잘해 주기 바랍니다. 여러분이 집중 호우 시에는 무엇을 조치해야 하고, 더울 때는 무엇을 조치해야 할지 알고 있다면 반드시 실천해 주기를 바랍니다. 알면서도 조치하지 않는 것은 책임을 회피하는 것입니다. 잘 실천하여 부대와 모든 사람이 안전하고 건강하게 여름을 보내기 바랍니다.

여러분 모두를 사랑합니다.

여단장 편지 08(7월 둘째 주)

법에 근거한 군 생활

저는 이번 한 주간 여단 참모부 및 대대 일부 인원들과 함께 BCTP (Battle Command Training Program, 전투 지휘 훈련)에 참여했습니다. 훈련을 하는 데에 있어서 가장 이상적인 모습은 전 장병이 가지고 있는 모든 화기와 장비, 물자들을 가지고 실제 전장 상황 속에서 훈련하는 것이지만, 평시에는 여러 제한 사항이 많아 실제로 그런 훈련을 하는 것은 어렵습니다.

이에 따라 실제 병력과 장비의 운용은 컴퓨터를 이용하여 묘사하고 이를 근거로 지휘소만 훈련하는 것이 전투 지휘 훈련입니다. 비록 컴퓨터를 이용한 훈련이었지만 참가한 모든 장병과 군무원, 예비군 모두 고생 많았습니다. 또한 이번 훈련간 우리 여단이 사단 및 작전사의 핵심 과업을 수행하는 중요한 부대라는 것과 실제였다면 각각의 전투 현장에 있었을 여러분의 소중함을 다시 한번 깨닫게 되었습니다.

오늘의 강조 사항 첫 번째는 준법정신입니다. 우리는 법이라고 하면 법을 전공한 사람들만 전문적으로 알고 일반인은 잘 모르며, 어기면 징역형이나 벌금형을 받는다는 것 정도로 생각합니다. 하지만 의외로 우리는 생활 대부분을 법에 근거하여 살아가고 있습니다. 우리 군(軍)과 관련된 내용을 찾아보면 최상위 법인 헌법에 국군의 사명과 통수권 등이 명시되어 있고, 국군 조직법에서 군(軍)의 조직과 편성 기준을 찾을 수 있습니다.

여러분은 지금 헌법과 병역법에 따라 의무 복무를 하고 있으며, 전역 후에는 예비군법에 따라 훈련도 받게 됩니다. 법률에 명시되지 않았다면 훈령, 규정 등에서 근거를 찾을 수 있습니다. 대표적인 것이 대통령 및 국방부 훈령과 육군 규정입니다. 여기에도 없다면 지침, 방침, 예규, 작전 계획 등에서 우리가 먹고, 자고, 입는 것부터 부대의 일정이나 훈련 등 모든 생활의 기준과 근거를 찾아 볼 수 있습니다.

군(軍) 생활을 잘하고 싶다면 내가 하는 것들의 근거를 명확히 알고 그 의미를 이해하고 행동하면 됩니다. 법을 찾아본다는 것을 어렵게 생각하지 않아도 됩니다. 앞서 말한 법령이나 규정, 지침 등은 비밀이 아닌 이상 여러분이 가지고 있는 스마트폰이나 사무실 PC에서도 쉽게 찾아볼 수 있습니다.

우리는 지휘 체계에 따라 명령을 수행하는 집단으로 내가 명령을 내리는 것, 혹은 명령을 받아 수행하는 것 또한 이 법의 체계 속에서만 가능합니다. 따라서 우리는 법을 잘 알고 지켜야 합니다. 이틀 뒤인 17일은 제헌절입니다. 몇 년 전까지는 공휴일이었는데 지금은 아니라 아쉽기도 하지만, 우리가 모두 제헌절의 의미를 새기며 지내길 바라는 마음에 제가 항상 마음속에 새기는 법조문을 소개합니다.

「군인의 지위 및 복무에 관한 기본법」

제4장 군인의 의무 등, 제20조(충성의 의무)
군인은 국군의 사명인 국가의 안전보장과 국토방위의 의무를 수행하고, 국민의 생명·신체 및 재산을 보호하여 국가와 국민에게 충성을 다하여야 한다.

제5장 병영생활, 제36조(상관의 책무)
① 상관은 직무수행 시는 물론 직무 외에서도 부하에게 모범을 보여야 한다.
② 상관은 직무에 관하여 부하를 지휘·감독하여야 한다.
③ 상관은 부하의 인격을 존중하고 배려하여야 한다.
④ 상관은 직무와 관계가 없거나 법규 및 상관의 직무상 명령에 반하는 사항 또는 자신의 권한 밖의 사항 등을 명령하여서는 아니 된다.

　두 번째로 복명복창식 상황 보고 정착을 위해 부대별 적극적인 노력을 당부합니다. 작전사에서 제작하여 배부한 '복명복창식 상황 보고' 소개 영상은 모두 보았을 것입니다. 우리 부대는 이미 잘하고 있다고 생각하는 사람도 분명히 있겠지만 그것은 안일한 태도입니다.
　제가 보기에 제작된 영상과 우리 부대의 현실은 매우 다릅니다. 사람(감시병이나 상황 간부, 지역 어민의 성향 등)도 다르고, 상황실 구성과 배치, 감시해야 할 바다의 특성도 다릅니다. 부대원들에게 영상 한두 번 보여 주었다고 우리 소초나 기지에서 잘 되고 있겠지 생각하는 것은 자만입니다.
　각 부대에서는 복명복창식 상황 보고의 정착을 위해 각 소초와 기지별 특성을 고려하여 체계를 보완하고, 완전히 숙달될 때까지 반복적으로 연습해야 하며, 숙달되었다고 하더라도 수준을 유지하기 위해 주기적으로 확인 및 강조하기 바랍니다.

아울러 복명복창식 보고를 잘하기 위해서는 잘 쉬어야 합니다. 행동화 지침에 따라 크고 명확한 목소리로 서로 간에 소통하기 위해서는 푹 쉬어야 큰 소리가 나올 수 있습니다. 몸이 피곤하고 지쳐 있으면 눈이 감기고 목소리가 잠기기 때문입니다. 간부도 마찬가지입니다. 잘 쉬어야 합니다. 각 부대에서는 '할 때 팍, 쉴 때 푹'이라는 여단장의 강조 사항도 명심하여 부대를 운영하기 바랍니다. 영상의 끝에 나오는 이순신 장군의 말씀도 다시 한번 머리와 마음속에 새겨 봅시다.

본 것은 본 대로 보고하라
들은 것은 들은 대로 보고하라
본 것과 들은 것은 구별하여 보고하라
보지 않은 것과 듣지 않은 것은 일언반구도 보고하지 말라

『칼의 노래』 (김훈 저, 문학동네, 2014)

오늘도 전 제대 수색 정찰을 위해 조기 기상하여 작전을 수행한 모든 부대원 여러분 고생 많았습니다. 여러분이 있기에 우리가 지키는 바다로 적의 침투나 밀입국이 없는 것입니다.

여러분 모두를 사랑합니다.

여단장 편지 09(7월 셋째 주)

5관 3략의 실천

 지난 토요일, 작전 지역인 D 해변에서 해안선 수색 정찰 간 부유복 한 벌을 발견한 사례가 있었습니다. 다행히 대공 혐의점이 없는 것으로 종결되었지만, 평소 다니던 길에서 아주 작은 변화를 포착해 낸 최○○ 중사를 칭찬합니다. 이는 평상시부터 해안선 수색 정찰에 대한 목적을 분명히 알고, 이를 실천하기 위해 유심히 도로 주변 및 해안가를 지켜본 결과라고 생각합니다. 이러한 최 중사의 업무 자세와 노력을 칭찬합니다. 저는 우리 여단에 최 중사와 같은 자세로 성실히 근무하는 많은 부하가 있음을 알고 있습니다. 모두에게 감사의 인사를 전합니다.

 오늘은 두 가지를 강조하겠습니다. 첫 번째는 매너리즘 타파입니다. 특히 경계 작전에 있어 가장 필요한 것은 매너리즘을 타파하는 것입니다. 우리 부대 일부 인원들은 상당 기간 실제 상황이 발생하지 않다 보니 우리가 경계 작전 임무 수행을 잘하고 있어서 그런 거라고 생각하는 것 같습니다. 물론 그럴 수도 있습니다. 그러나 우리가 잘해서 아무런 상황이 발생하지 않는 것이 아니라 적이 다른 이유로 침투하지 않고 있거나, 침투한 것을 우리가 모르고 있을 수도 있습니다.

이를 극복하기 위해서 우리는 매번 새로운 시각과 생각으로 사물을 접해야 하고, 지속해서 우리의 미흡 분야를 찾아내야 합니다. 이러한 생각도 아무런 근거 없이 막연하게 하는 것이 아니라, 적의 능력과 의도, 우리의 지형과 작전 형태 등을 망라한 근거를 가지고, 내가 적이라면 어떻게 침투할 것인가를 계속 생각하고 또 생각해야 합니다. 아울러 제대별 역할도 구체적으로 정립하고 실천해야 합니다. 소대, 중대, 대대, 여단별 작전 및 훈련하는 모습도 다를 것이고, 현장에서 확인해야 하는 내용도 다릅니다. 각 제대별로 해야 할 사항을 구체화하고 하나씩 확인해 가면서 실천해야 합니다.

두 번째는 5관 3략의 실천입니다. 5관 3략 캠페인은 상시 전투력 발휘를 보장하기 위해 즐겁고 행복한 군(軍) 생활을 만들려는 병영 문화 개선 운동입니다. 그런데 요즘 현실에서 적용되는 모습을 보면 그 내용이 아니라 형식에 집중한 나머지 주객이 전도되었다고 느껴질 때가 많습니다. 특히 부대에서 시행하는 '독서, 종교 활동, 봉사 활동에 대한 마일리지 적용 제도'는 5관 3략 실천에 참여하는 사람들에게 단순히 휴가를 보장하기 위해서 실시되는 것이 아닙니다. 본질은 독서, 종교 활동, 봉사 활동을 통해 인성을 함양하는 데에 있고, 마일리지는 단지 이를 도와주기 위한 수단일 뿐입니다.

제가 걱정되는 또 한 가지는 이러한 캠페인을 오로지 병사들만 해야 하는 것으로 생각하고 있다는 점입니다. 병사만큼의 유인책이 없다 하더라도 간부들 역시 개인의 인성을 함양하고 병영 문화 개선에 이바지하는 구성원이 될 수 있도록 이를 적극 실천해야 합니다. 간부들이 먼저 5관 3략의 의미와 필요성을 깨닫고 실천해야 하며, 저도 적극적으로 실천하겠습니다. 우리 모두 노력하여 즐겁고 행복한 군(軍) 생활이 되도록 만들어 봅시다.

최근 초급 간부 중에 군(軍)이 싫어 떠나는 사람들이 늘어나고 있다고 합니다. 그 이유를 물어보니 봉급이 적은 것도 있지만 가장 큰 이유는 조직 문화가 싫어서라고 합니다. 우리 군(軍)의 조직 문화가 무엇이기에 그렇게도 싫어하는 걸까요? 제가 생각하기에 조직 문화에서 가장 큰 것은 부대원들과의 관계라고 생각합니다. 멀리 있는 다른 부대원이 아니라 지금 함께 근무하고 있는 바로 옆에 있는 상관, 동료, 부하들과의 관계 말입니다.

원수불구근화 원친불여근린(遠水不救近火 遠親不如近隣)이라는 말이 있습니다. 멀리 있는 물은 가까이 있는 불을 끌 수 없고, 멀리 있는 친척은 가까이 있는 이웃만 못하다는 뜻입니다. 즉 내 옆에 있는 사람이 가장 중요한 사람이라는 것입니다. 임무가 아무리 힘들어도 함께하는 사람들이 도와주고 이끌어 주고 따뜻한 말 한마디를 건넨다면 아마 그들이 군(軍) 생활에 대해 다시 생각할 수 있는 계기를 마련할 수도 있을 것입니다.

아무리 군대가 위계 관계가 분명한 곳이라지만 관계의 불합리함을 서로 고치려 노력하고 규정과 방침에 근거하여 상식적으로 근무한다면 군(軍)이 가진 조직 문화의 단점은 많은 부분 상쇄할 수 있으리라 생각합니다. 오늘 편지는 작전 사령관님께서 전하신 말씀으로 마무리하겠습니다.

지금 내 옆에 있는 전우들이 가장 소중한 사람임을 명심하고, 함께 일하는 사람들과 즐거운 분위기 속에서 업무를 수행하기를 바람. 결전태세 확립도 결국 전우와 함께 만들어 가는 것으로 하루하루 즐겁고 행복할 수 있도록 따뜻한 말 한마디와 밝은 표정으로 서로를 배려하기를 바람.

여러분 모두를 사랑합니다.

여단장 편지 10(7월 넷째 주)

항상 새로운 시각으로 바라보기

지난 28일에는 우리 여단 책임 지역의 재향 군인회 회장님들께서 여단 본부를 방문하셨습니다. 재향 군인회는 전역한 선배님들께서 전역 후에도 국가와 사회에 대한 봉사의 개념으로 만드신 단체입니다. 그분들은 전역한 후에도 군(軍)에 대한 사랑으로 항상 부대를 걱정해 주시고, 국가의 안보를 생각하시는 고마운 분들이십니다. 회장단에서 여단 본부와 직할 중대의 전투 장비들을 보시면서 후배들이 어려운 여건에서도 경계 작전을 잘 실시하고, 우리 지역을 방위해 주는 것에 대해 칭찬과 격려를 듬뿍 해 주셨습니다. 모두가 여러분 덕분이고 여러분이 칭찬을 받아야 하는 내용입니다. 아울러 행사를 준비해 준 모든 부대원에게도 감사의 말을 전합니다.

오늘 강조하고자 하는 첫 번째는 소통입니다. 저는 앞서 두 번째 편지에서 소통의 최종 상태를 이해라고 강조했었는데, 두 번째로 제시하는 소통의 최종 상태는 불안감 해소입니다. 인간이 불안감을 느끼는 경우는 미래를 알지 못하기 때문입니다. 통상적으로 인간이 낮보다 밤에 더 겁이 나는 경우도 같은 이유입니다. 밤에는 앞이 보이지 않으니 언제 장애물에 걸려 넘어질지도 모르고, 길을 잃어버릴 수도 있으며, 어디선가 나를 해치려는 사람 혹은 동물이 가까이 올 수도 있기 때문입니다.

사람은 불안하면 동물적 본능에 의해 호흡도 빨라지고, 근육도 경직된 상태로 언제 닥칠지 모르는 위험한 상황에 대비하게 됩니다. 그러다 보면 금방 피곤해지고 신경이 예민해져서 작은 일에도 크게 반응하게 되는 등의 신체 반응이 생깁니다. 이것을 우리의 현실에 대입해 볼까요?

우리의 군(軍) 생활도 역시 불안의 연속입니다. 잘 모르기 때문입니다. 당장 내일 부대 일정이 무엇인지, 다음 주에는 무엇을 하는지, 설령 알고 있다고 해도 구체적으로 내가 무엇을 해야 하는지는 잘 모릅니다. 예컨대 유격 훈련이 예정되어 있다고 해 봅시다. 선임병이나 간부들이 보탠 허풍 때문에 유격 훈련을 무척 힘들고 어렵기만 한 훈련으로 인식한다면 훈련 몇 주 전부터 불필요한 불안감에 시달려야 합니다. 그래서 지휘관부터 가장 막내인 후임병까지 명확한 일정과 내용을 알아야 합니다.

이를 위해서는 간부들이 자주, 구체적으로 알려 주어야 합니다. 또한, 모르면 물어보고 필요한 것은 건의해야 합니다. 여단에서도 여단장이 주관하여 매주 금요일마다 전 직할 부대원에게 다음 주 일정에 대해 브리핑을 하고, 그 일정 하나하나에 구체적으로 무엇을 준비해야 할지를 전달하고 있습니다. 대대나 중대에서는 여단에서 하는 것보다 더 구체적인 내용을 포함해야 합니다.

예를 들어 행군을 앞두고 있다면 중대에서는 구체적인 행군 경로와 특징, 개인별 군장 결속 방법과 행군 요령 등을 알려 주어야 합니다. 그 내용이 구체적일수록 부대원들이 스스로 준비하고 실행할 수 있습니다. 또한 지휘관의 의도와 방향, 그리고 최종 상태도 미리 파악할 수 있게 되며, 이러한 것이 쌓이고 발전된다면 임무형 지휘의 기초가 됩니다. 그리고 더는 불안하지 않습니다.

두 번째 강조 사항은 매너리즘 타파입니다. 지난주에는 경계 작전에서의 매너리즘 타파를 강조했다면 이번 주에는 부대 관리에서의 매너리즘 타파를 강조합니다.

부대는 살아 있는 생명체와도 같습니다. 오늘이 지난주, 지난달의 여느 날과 똑같이 느껴질지도 모르지만, 자세히 들여다보면 같지 않습니다. 내일 혹은 다음 주의 부대 모습은 또 다를 것입니다.

부대에는 신병이 들어와 있고, 지난달의 일병이 이번 달에는 상병이 되고, 전역자도 생길 수 있습니다. 멀쩡하던 울타리가 갑작스러운 비에 넘어질 수도 있고, 깨끗했던 총기가 여름철 습기로 금방 녹이 생길 수도 있습니다. 아무 문제가 없었다고 아무 일이 없는 것은 아닙니다.

이를 해결하는 방법은 의외로 간단합니다. 다시 한번 돌아보는 것입니다. 지난주에 확인했던 장소도 다시 가 보고, 지난주에 작동했던 장비도 다시 점검해 보면 됩니다. 그것은 단순한 반복이 아닙니다. 그때그때 중점을 두어야 하는 사항이 다르고, 점검을 시행하는 사람도 다르기 때문입니다. 단순한 반복이라 여기고 이를 태만하게 수행한다면 반드시 문제가 발생하게 됩니다. 부대 관리가 되어 있지 않으면 경계 작전에 전념할 수 없습니다. 경계 작전에 매진하는 것과 더불어 부대 관리 역시 매너리즘에 빠지지 않고 안정적으로 수행해야 하겠습니다.

마지막으로 해안 경계 작전에 대해 강조하려고 합니다. 최근 중국인 가족이 고무보트를 타고 서해 격렬비열도(格列飛列島) 인근 공해상에서 표류하다 구조된 사례가 있었습니다. 세부적인 배경이야 더 조사해 봐야 알겠지만, 현재까지 확인된 바로 그들은 산둥이 아닌 대련에서 출항하였고, 타고 온 보트도 예전 태안 밀입국 사건 때 사용하던 것에 비해 크기도 작고, 엔진도 작았습니다.

의도야 어찌 되었든 우리가 기존에 인지하고 있던 것과는 다른 형태의 밀입국이 가능하다는 의미입니다. 지도를 찾아보면 알겠지만, 대련은 산둥반도보다도 훨씬 북쪽에 있는데 결국 우리가 생각하지 못한 장소로부터 밀입국을 시도할 수도 있다는 교훈을 주고 있습니다. 아울러 그 중국인 가족이 탑승했던 보트는 통상적으로 바닷가에서 놀이용으로 사용하는 레저 보트의 크기입니다. 과연 이런 경우가 이번 한 번뿐이었을까요? 여러 번 있었으나 우리가 확인하지 못한 것은 아닌지 곰곰이 생각해 봐야 합니다.

그리고 이 시점에서 우리가 매일 실시하는 해안선 수색 정찰이나 주·야간 기동 순찰 등의 목적을 떠올려 보고 작전에 임하는 마음가짐을 새롭게 할 필요가 있겠습니다. 무의미하게 반복적으로 시행하는 수색이나 순찰이 아니라 우리가 생각하지 못하는 방법으로 침투하는 적들과 밀입국자들을 찾기 위해 더 노력해 봅시다.

이번 주는 7월의 마지막 주입니다. 7월을 잘 마무리하고 새로운 8월을 힘차게 맞이해 봅시다.

여러분 모두를 사랑합니다.

여단장 편지 11(8월 첫째 주)

준비된 훈련으로 성과 달성

정말 더운 계절입니다. 한낮 기온이 33도에 육박하고 온도 지수가 30도를 넘어가고 있습니다. 여단장은 이렇게 더운 날씨에도 전투복이 흠뻑 젖은 채 다음 주에 예정된 훈련을 준비하는 부대원들을 보면서 벅찬 감동을 느꼈습니다. 여러분이야말로 우리 부대의 대표이자, 우리 군(軍)의 자랑이라 생각합니다. 여단장도 더욱 마음가짐을 바르게 하고, 여러분들과 함께해야겠다고 다짐해 봅니다.

오늘은 두 가지를 강조하겠습니다. 첫 번째는 대상륙 작전의 중요성을 정확히 알고, 이에 대한 훈련 준비를 잘하자는 것입니다. 그동안 우리는 국지 도발이나 적 침투에 따른 초기 대응 위주의 훈련을 주로 해 왔습니다. 하지만 이번에 진행되는 훈련은 전시 대상륙 작전 국면을 집중적으로 실시하는 것으로 육군 헬기와 해군의 항공기, 함정이 함께 합동 작전을 수행하고, 지원 배속 부대가 모두 참가하는 대규모 전면전 대비 훈련입니다. 저는 이번 훈련을 통해 우리 여단의 전시 작전 계획을 확인해 보고, 여러 가지 제원 등을 산출하여 보완 사항을 도출할 수 있는 아주 좋은 기회라고 생각합니다.

좋은 기회를 잘 활용하기 위해 먼저 각 부대에서는 제대별 임무를 구체화하여 알려주기 바랍니다. 이번 훈련은 대항군이 해상에서부터 해안선에 도달하는 전 과정에서 운용되겠지만, 실제 훈련 중에 우리 눈에 적이 보이는 시점은 훈련의 막바지에 적이 해안선에 도착할 때일 것입니다. 더구나 후방 지역에서 지원하는 박격포 대원들의 경우에는 훈련을 종료할 때까지도 적을 보지 못할 수도 있습니다. 따라서 우리는 훈련 내내 보이지 않는 적과 싸워야 합니다. 훈련에 참여하는 모든 장병이 훈련의 목적과 진행, 임무를 구체적으로 알고, 훈련 간에도 현재 상황에 대해 실시간으로 전파해야 전 장병이 상황을 인식한 가운데 훈련을 진행할 수 있습니다. 잘 설명해 주어야 이해하고, 잘 이해해야 내가 무엇을 어떻게 할지를 구체화할 수 있습니다.

또한, 훈련 간 얻은 여러 데이터를 잘 종합하고, 현장의 모습도 사진으로 잘 남겨서 훈련 이후 미흡한 사항을 보완하고, 차후에도 교육 자료로 활용할 수 있도록 준비하기 바랍니다.

두 번째 강조 사항은 온열 손상과 응급조치의 중요성입니다. 요즘 날씨가 정말 덥습니다. 훈련에 집중하는 것은 좋지만 뜨거운 날씨에 온열 손상으로 다치거나 아픈 사람은 없어야 합니다. 온열 손상은 본인의 예방과 신속한 조치가 필수적입니다. 개인별로 작전 현장, 훈련장, 주둔지에서의 모든 활동 간에 항상 주의해야 하고, 특히 홀로 작업을 하거나 체력 단련을 하는 등의 행동은 지양해야겠습니다. 훈련이나 작업, 체력 단련 모두 자신의 몸 상태를 고려해서 해야 하며, 이상이 있을 때는 즉시 하던 것을 멈추고 주변 사람들에게 알려 조치를 받아야 합니다. 온열 손상 환자를 확인한 사람은 누구든 즉각 시원한 그늘로 옮겨서 응급처치를 해야 하며,

119에 신고하여 조치를 받는 것도 좋은 방법입니다.

아무리 덥다고 하지만 내일모레는 입추(立秋)입니다. 가을의 문턱에 들어섰다는 의미이기도 합니다. 이렇듯 시간은 계속 지나고 있고, 그 흐름은 피할 수 없습니다. 피할 수 없으면 즐기라는 말도 있듯이 지금의 더위도 즐기면서 곧 다가올 시원한 계절에 대한 희망으로 더 행복한 주말을 보내기 바랍니다.

여러분 모두를 사랑합니다.

여단장 편지 12(8월 둘째 주)

해안 경계 태세 확립은 우리의 의무

이번 주는 장마 때보다 더 많은 비가 내려 전국 곳곳에 많은 인명 및 재산 피해가 있었습니다. 다행히 우리 지역은 큰 피해가 없었고, 부대별로도 무탈하게 지낼 수 있었습니다. 여러분 모두가 실시간 현장에서 잘 대비한 덕분입니다. 아울러 지난주에 실시한 훈련은 비록 기상 때문에 계획된 전력이 모두 참가하지는 못했지만, 그 자체로도 의미 있는 훈련이었습니다. 그 이유는 지금까지 초기 단계의 역할에만 익숙해 있던 한계를 극복하고 실제 전시 대비 훈련을 했다는 점과 이번 훈련에서 우리 여단이 가장 큰 역할을 성공적으로 수행했다는 점입니다. 이러한 모든 것들이 여러분들이 잘 준비해 주었고, 비를 맞으면서도 묵묵히 자신의 임무를 다해 준 덕분입니다. 고생 많았습니다.

오늘은 세 가지를 강조하고 싶습니다. 첫 번째는 해안 경계 작전 태세의 확립입니다. 일반인들은 휴가와 방학을 맞아 즐거운 여행을 떠나는 8월이지만, 우리에게는 폭염과 집중 호우가 반복되어 작전에 많은 제한 사항이 발생하는 때입니다. 다시 말해 경계 작전에 취약한 요인이 많아지고, 우리 장병들의 마음가짐이 느슨해지기도 하는 시기입니다.

하지만 지난 7월에 중국인 일가족 표류 사례에서처럼 적 또는 밀입국을 시도하는 자들은 예상하지 못하는 장소와 방법으로 우리의 빈틈을 노리고 있습니다. 우리가 지금 이곳에 있는 이유를 생각해 봅시다. 여러분이 지금도 소초에서, 기지에서 어렵고 힘들게 지내면서 작전을 하는 이유가 무엇일까요? 바로 적으로부터 국민과 국토를 지켜 내기 위해서입니다. 우리가 지금 하는 해안 경계 작전 태세 유지야말로 우리가 가장 기본적으로 충실해야 하는 임무이며, 의무입니다.

두 번째는 마음을 다하는 5관 3략입니다. 5관 3략은 개인은 물론 부대의 문화를 개선하기 위해 반드시 실천해야 하는 사항임을 여러 번 강조한 바 있습니다. 그러나 일부 부대에서는 이것을 행정적인 추가 과업으로 인식하는 경우가 있는 것 같습니다. 그럴 바에는 하지 않는 것이 낫습니다.
마음을 다하지 않으면 의미가 퇴색될 수밖에 없습니다. 모두가 한마음이 되어 사고를 예방하려고 노력해야만 성과를 기대할 수 있습니다. 마음을 다하지 않고 건성건성 대한다면 우리가 생각하는 목표를 절대 달성할 수 없습니다. 특히 간부들부터 말로만 구호를 외치는 것이 아니라 스스로 자기 자신을 돌이켜 보면서 진단하고 개선할 점을 찾아야 합니다.
나는 무심코 어깨를 툭 친 것이지만 상대방은 폭력이라고 생각할 수 있고, 재미로 시작한 핸드폰 게임이 사행성 도박이 될 수도 있습니다. 친한 친구에게 보낸 내 사진이 보안 규정에 위반되는 것일 수도 있고, 내가 사비를 들여 후배들에게 술을 사 준다고 해도 후배들은 강권으로 느낄 수도 있는 것입니다. 스스로 말과 행동을 잘 살펴보고, 상대방의 관점에서 말과 행동을 개선한다면 이를 경험한 후배들이나 부하들도 자연스럽게 보고 배울 수 있습니다. 마음을 다하는 5관 3략의 실천으로 즐거운 병영 문화를 만들어 봅시다.

 마지막으로 사이버 도박 관련 사항입니다. 최근 사이버 도박과 관련된 사고 사례가 늘고 있습니다. 혹시 여러분 중에 사이버 도박은 내가 내 돈 가지고 하는 건데 왜 문제를 삼느냐고 반문할 수도 있는데, 절대 그렇지 않습니다. 사이버 도박은 무조건 잃게 되어 있습니다. 사이버 도박장을 운영하는 사람도 돈을 벌려고 하기 때문에 여러분이 이익을 얻도록 놔두지 않습니다. 일부가 이익을 낼 수도 있겠으나 그건 미끼에 불과합니다.
 사이버 도박을 통해 돈을 잃게 되면 그것을 만회하려고 한 번 더 도박을 하게 되고, 그게 반복되다 보면 스스로의 힘으로는 빠져나오기 어렵습니다. 업무나 인간관계에 집중하지 못하게 되는 건 당연합니다. 극단적인 상황에 이르면 돈을 마련하기 위해 대출을 하거나, 대출해도 갚을 길이 없으니 신용불량자가 되고, 급기야 주변에서 정당하지 못한 방법으로 돈을 구하다가 범법자가 되기도 합니다.
 사실 한 걸음만 뒤로 물러나면 잘못되었다는 것을 알 수 있을 텐데 막상 빠져들면 자신을 돌아볼 수 없게 됩니다. 그래서 여러분에게 이렇게 반복적으로 교육하고, 그 부정적인 결과를 전파하는 것입니다. 여러분도 주변에서 사이버 도박을 하는 사람이 있거나, 이로 인하여 금전 차용 등의 문제가 식별된다면 즉시 보고해야 합니다.
 사이버 도박이 하고 싶으면 밖으로 나가 산책이라도 한번 하고, 영화를 보거나 게임을 하는 것이 낫습니다. 또 부대 안에서 동료들과 풋살 한 게임 하고, 충성마트에서 맛있는 음식을 사다가 나누어 먹으면 체력도 기르고, 전우애도 쌓을 수 있습니다.

8월도 절반이 지났습니다. 텁기만 했던 날씨도 어느덧 바뀌어 밤에는 선선한 바람이 불고 있습니다. 우리가 세세하게 잘 느끼지는 못하고 있지만, 시간은 흐르고, 자연은 조금씩 변화하고 있습니다. 앞으로 다가올 시원하고 청명한 가을을 기대해 봅니다.

여러분 모두를 사랑합니다.

여단장 편지 13(8월 셋째 주)

기본과 원칙에 충실한 복무 자세

지난주까지 내린 비로 인해 전국적으로 막대한 피해가 발생하여 많은 주민이 고생하고 있으며, 인접 여단에서는 벌써 일주일째 대민 지원을 하고 있습니다. 더 이상의 피해가 발생하지 않고, 조속한 시일 내에 복구되어 주민들은 물론 지원 나간 우리 장병들도 무사히 복귀하길 기원합니다. 아울러 이번에 부대별로 식별된 우천시 취약 요인들을 잘 기록해두고, 필요한 것은 반드시 조치해 두어야겠습니다. 또 다음 호우에 대비하여 부대별로 배수로 정비도 해 놓고, 주둔지 곳곳에 바람에 날려 산재한 나뭇가지 등도 지금 치워 놓아야 합니다. 해야 할 것이 있으면 바로 지금 해 놓기 바랍니다.

오늘은 세 가지를 강조하겠습니다. 첫째, 기본과 원칙에 충실한 복무 자세를 당부합니다. 기본과 원칙에 충실해지라는 말은 당연하지만 사실 가장 안 되는 부분이기도 합니다. 직책이나 계급과 무관하게 부대 구성원 모두가 규정과 방침을 준수하고, 이를 기반으로 기강을 확립하며, 나아가 각자의 직책에 맞는 임무를 수행하기 위해 최선을 다하는 것이 바로 우리가 갖추어야 할 자세입니다.

먼저, 우리는 전투복을 바르게 착용하고, 용모를 단정하게 해야 합니다. 외적 군기가 바르지 않다면 내적 군기가 갖춰진들 무엇으로 보여 주겠습니까? 일과표 준수도 마찬가지입니다. 군인은 시간을 반드시 지켜야 합니다. 특히 간부들은 출퇴근 시간은 물론이고, 일과 진행 간 시작 시간, 끝나는 시간, 식사 시간, 일일 체력 단련 시간 등 정해진 일과표를 최대한 준수하는 것을 원칙으로 해야 합니다.

기본과 원칙에 충실한 복무 자세 중 바른 복장 착용과 단정한 용모, 시간 준수를 예로 들었지만 그 외에도 우리가 지켜야 할 기본적인 것들이 많이 있습니다. 우리가 해야 할 것들을 하나씩 점검해 가면서 놓치지 않고 실천하여 기본이 갖추어진 부대를 만들어 봅시다.

둘째, 간부들의 솔선수범을 강조합니다. '-답다'라는 표현은 누구나 들어 보았을 것입니다. 특성이나 자격이 있다는 뜻을 더하는 접미사입니다. 예를 들어, 우리는 어른답다는 말을 스무 살이 넘은 모든 성인에게 붙이지는 않습니다. 성인 중에서도 법과 규범을 잘 지키고, 자신보다는 남을 먼저 생각하고, 자신에게 주어진 책임을 다하는 경우에나 '어른답다'라는 말을 붙이게 됩니다.

간부도 마찬가지입니다. 일정 자격을 갖추어 임관하고, 간부 계급장이 있다고 모두가 '간부답다'라는 말을 들을 수는 없습니다. 간부들도 법과 규정을 잘 지키고, 자기 관리도 철저히 하며, 자신보다는 주변 사람, 특히 부하들에게 많은 관심과 노력, 정성을 쏟으면서도 자신의 책임과 역할을 다해야 '간부답다'라는 말을 듣게 됩니다.

노블레스 오블리주라는 말이 있습니다. 귀족으로서의 의무라는 프랑스식 표현으로 통상 사회 지도층 혹은 상류층이 사회적 위치에 걸맞은 모범을 보여야 할 의무가 있음을 일컫는 말입니다. 군(軍)에서 이 말에 해당하는 사람이 바로 간부들입니다. 여러분이 여단장인 제게 부여된 책임을 다하고 여러분에게 신경 써 주길 바라는 것처럼 여러분의 부하들도 여러분에게 관심과 정성, 그리고 책임을 다하는 간부가 되어 주기를 바라고 있습니다.

마지막으로 다음 주부터는 본격적인 UFS 연습이 시작됩니다. UFS 연습은 군(軍)뿐만 아니라 모든 중앙 및 지방 정부, 공공 기관이 전시 대비 계획인 충무 계획을 점검하고, 평시 준비 상태를 확인하며, 실제 훈련을 통해 대비 태세를 확립하는 중요한 훈련입니다. 이를 위해 몇 주간 각 부대에서 준비를 해 왔는데 모두에게 성과 있는 훈련이길 바랍니다. 또한 전국적으로 진행하는 훈련인 만큼, 평소에도 잘 해 왔지만 조금 더 신경 써서 훈련에 임하고, 특히 조금이라도 기본이 흐트러지거나, 불미스러운 사건·사고가 발생하지 않도록 각별한 노력을 당부합니다.

여러분 모두를 사랑합니다.

여단장 편지 14(8월 넷째 주)

계절 변화에 따른 선제적 대비

이번 한 주는 여단 모두가 UFS 연습으로 바쁘게 지낸 한 주였습니다. 저는 이번 훈련 기간에 도청, 시청 및 군청의 군경합동상황실과 실제 훈련 현장에서 애쓰는 여러분을 보고 많은 감동을 받았습니다. 함께 지켜보았던 많은 공무원과 주민분께서도 입을 모아 여러분을 칭찬하셨습니다.

이번 훈련을 통해 많은 국민이 국가 안보에 대한 관심도가 높아졌고, 그 가운데에서 우리 군(軍)의 중요한 역할을 널리 알리고 이해시키는 좋은 기회가 되었다고 생각합니다. 각 부대에서는 이번 훈련간 군(軍)과 지자체 및 관계 기관이 발전시킨 사항들을 잘 정리하고 보완하여 통합방위태세를 확립하고, 내년 UFS 연습은 좀 더 완벽하게 수행할 수 있도록 노력해 주기 바랍니다.

오늘은 세 가지를 강조하겠습니다. 첫째, 계절의 변화에 따라 선제적인 대비를 해야 합니다. 이제 완연한 가을입니다. 24절기 중 처서(處暑)가 지나니 아침저녁으로는 긴소매 옷을 찾을 정도로 기온이 낮아졌습니다.

우리 주변을 자세히 살펴볼까요? 여름과 비교해 낮이 짧아졌고, 기온도 낮아졌습니다. 바람이 부는 방향이 조금씩 바뀌고 있고, 이에 따라 조류의 흐름도 조금씩 바뀌고 있습니다. 조류가 바뀌면 평소 부유물이 퇴적되던 곳이 바뀌고, 그러면 해안선 수색 정찰 간 중점 지역이 바뀔 수 있습니다. 때문에 작전하던 시간도 바뀌어야 하고, 지역도 바뀌어야 합니다. 어찌 보면 하루하루의 변화가 크지 않을 수도 있지만, 별거 아니라는 생각으로 그냥 넘어가면 앞으로도 우리 주변의 모든 변화에 둔감해지게 됩니다.

각 부대에서는 작은 변화에도 관심을 두고 잘 대비해야 하며, 평소에 이러한 것들이 몸에 배어 습성화될 수 있도록 강조해 주기 바랍니다.

둘째, 차량 안전 운행을 강조합니다. 우리 여단에는 현재 100대가 넘는 차량이 운행 중인데, 차량이 없으면 경계 작전은 물론 부대 운영이 안 될 정도로 중요하기 때문에 많은 관심이 필요합니다.

차량 운행에 있어 큰 위험 요인 세 가지가 존재하는데 그중 첫 번째는 운전자의 기량 부족입니다. 운전을 주특기로 하는 운전병이라 하더라도 운전 경력은 1~2년밖에 되지 않습니다. 간부의 직접 운전을 확대하고는 있지만 초급 간부들 운전 경력 역시 부족한 것은 마찬가지입니다.

두 번째는 차량 정비의 어려움입니다. 중대나 소초마다 정비병이나 정비 시설이 있는 것도 아니고, 매일 작전을 실시하다 보니 차량 정비를 위해 충분한 시간을 확보하는 것이 어렵습니다. 이에 따라 모든 운전자와 운전 보조자는 운행 전에 차량 상태를 자세히 살펴야 하고, 조금이라도 이상하다면 즉각 운행을 멈추어야 합니다.

세 번째는 좋지 않은 운행 환경입니다. 해안선 일대의 도로는 일차선에 비포장이 대부분이며, 우리가 운전하는 차량은 특히 폭이 넓고 무겁습니다. 기동 TOD나 전투 AMB로 사용하고 있는 K311 차량은 차폭만 해도 2m가 넘는 차량입니다. 이런 차량으로 해안 도로를 운행하면 도로가 좁기도 하고, 경사도 심하여 시야 확보가 되지 않아 사고의 위험성이 매우 높습니다.

최근에 우리 여단에서도 크고 작은 차량 사고가 발생하고 있습니다. 이런 사고는 나뿐만 아니라 함께 탑승하고 있던 동료들도 크게 다칠 수 있으므로 주의해야 합니다. 각 부대는 운전병과 직접 운전 간부들에게 주기적으로 안전 교육을 실시하고, 충분한 시간적 여유를 두고 운행을 하여 과속을 하거나 준비 없이 급하게 운행하지 않도록 해 주기 바랍니다.

셋째, 총기·탄약 관리 규정 준수입니다. 총기·탄약 관리의 중요성에 대해서는 강조하지 않아도 잘 알고 있을 겁니다. 예전에도 강조한 바 있었는데 일부이긴 하지만 아직도 규정을 제대로 숙지하지 못하고 행동화가 되지 않은 간부들이 있습니다. 우리가 하는 해안 경계 작전이 중요하지만, 총기·탄약 관리가 모든 작전의 우선이 된다는 것을 잊어서는 안 됩니다.

총기·탄약 관리 규정은 중요성 때문에 그 어느 규정보다도 자세하고 구체적으로 나와 있습니다. 그리고 한 번만 정확히 읽어 보면 모두가 이해할 수 있으며, 어렵지 않게 실천할 수 있습니다. 특히나 중대급 간부들이라면 열쇠 관리, 화기 실제 수량 파악 등 몇 가지 분야부터 먼저 숙지하면 됩니다. 각 부대에서는 총기·탄약 관리 규정에 대해 간부 교육을 시행하고, 핵심적으로 꼭 해야 하는 것들은 다시 한번 정확히 짚어 주어 실천하기 바랍니다.

다음 주에도 훈련과 동시에 경계 실태 확인, 공직 기강 점검 등이 예정되어 있습니다. 해안 경계 작전 태세 유지, 각종 규정 준수 및 취사장 위생 관리 등의 세부적인 점검 요소들을 보니 모두 평소에 우리가 늘 해 오던 것들입니다. 상급부대 점검을 대비하기 위해서가 아니라 그저 우리가 늘 하던 것을 한다는 마음으로 편하게 임무 수행해 주길 바랍니다.

여러분 모두를 사랑합니다.

여단장 편지 15(9월 첫째 주)

전투원으로서 체력은 기본

9월에 들어서니 아침저녁으로는 쌀쌀하고, 낮에는 덥다는 느낌이 듭니다. 이렇게 일교차가 큰 시기에는 신체 면역력이 약할 경우 여러 질병에 노출되기 쉽습니다. 여단 모든 부대원이 식사도 잘하고, 체력 단련도 열심히 하면서 건강한 9월을 보내길 바랍니다.

오늘은 가장 먼저 체력의 중요성을 강조하겠습니다. 『기분이 태도가 되지 않게』(레몬심리 저, 박영란 역, 갤리온, 2020)라는 책에서는 체력을 키워야 하는 이유를 다음과 같이 제시하고 있습니다.

좋은 태도는 체력에서 나온다. 체력을 기르기 위한 운동의 과정에서 본인이 받았던 스트레스를 해소하기도 하고, 강한 체력으로 외부로부터 오는 스트레스를 이겨 낼 수 있는 버팀목이 되기도 한다. 바쁘고 힘들더라도 체력이 좋으면 덜 피곤하므로 짜증도 덜 나고, 짜증이 덜 나면 상대방도 덜 스트레스를 받게 된다.

실천이 안 되는 것이 문제지 사실 모두가 알고 있는 내용입니다. 군인에게 체력은 정말 중요한 요소입니다. 팔다리의 근력이 강해야 사격을 포함하여 여러 전술 상황에 능동적으로 대응할 수 있고, 지구력이 있어야 장기간 이어지는 작전에서도 버틸 수 있습니다. 지침상 일일 체력 단련은 주간 훈련 예정표에 반영하여 여단급 전 장병이 매일 실시하게 되어 있습니다. 다른 공무원들과 달리 일과 시간에 체력 단련을 실시할 만큼 체력을 향상시키는 일은 군인에게 굉장히 중요한 일입니다.

그러나 일부 부대원들은 일일 체력 단련을 해도 그만 안 해도 그만인 것으로 생각하거나, 개인별로 하고 싶은 운동만 고집하는 경우가 있는데, 부대별 일일 체력 단련은 반드시 해야 할 과업으로 인식하고 수행해야 한다는 것을 기억하기 바랍니다. 체력을 키우는 방법은 운동밖에 없습니다. 9월에는 운동하기에 날씨도 좋은데, 마침 체력 검정도 예정되어 있으니 지금부터 조금씩 준비하여 개인별 목표를 달성하기 바랍니다.

또 하나 강조하고 싶은 것은 태풍에 관한 것입니다. 태풍은 가을의 전령사라는 말이 있습니다. 이는 태평양에서 발생한 태풍이 지나가면서 우리나라 상공에 있던 뜨거운 공기를 밀어내 이후에는 날씨가 선선해지기 때문이라고 합니다. 태풍은 우리나라에 큰 피해를 주기도 하는데, 기상 관측 이래로 가장 큰 피해를 준 태풍 루사(2002년 8월 말)와 매미(2003년 9월 중순)가 모두 가을에 온 것이었습니다.

올해는 예년과 달리 우리나라 남쪽과 태평양 서쪽 일대 수온이 높아 태풍이 발달하기 좋은 조건이 갖추어진 상태라고 합니다. 오늘 기상 예보에 11호 태풍 힌남노를 대비해야 한다는 내용이 많이 나왔습니다. 각 부대에서는 태풍을 대비하여, 해야 할 것들을 하나씩 짚어 보면서 제대로 되어 있는지를 직접 확인해야 합니다. 태풍에 대비하여 사전에 해야 할 것들과 실시간 해야 할 것들을 구분하고, 사전에 해야 할 것들은 오늘 마무리하고, 실시간 해야 할 것들은 목록화하여 당직 근무자가 잘 대비할 수 있게 준비하기 바랍니다.

오늘은 개인별 건강 및 체력 관리와 태풍에 대한 생각을 작성해 보았습니다. 다음 한 주도 모두가 건강하고 안전하며, 즐겁게 보내기 바랍니다. '벌써' 9월인지, '아직' 9월인지는 각자의 생각에 따라 다르겠지만 다시 찾아온 새로운 달을 의미 있고 보람차게 보내길 기원합니다.

여러분 모두를 사랑합니다.

여단장 편지 16(9월 둘째 주)

평화의 시대에 전쟁을 대비하다

이번 주는 11호 태풍 힌남노의 대비에서 시작해 후속 조치로 마무리된 한 주였습니다. 많은 장병이 대비를 잘해 주었고, 많은 비가 내리고 강한 바람이 부는 가운데에서도 현장에서 적절한 조치를 해 주어 큰 피해가 없었습니다. 아무 일이 없었다고 해서 너무 과도한 조치를 했다고 생각한다면 그건 큰 오해입니다. 각 부대나 담당 부서에서 매뉴얼대로 미리 조치했기에 이 정도 피해로 그친 거라 생각합니다. 앞으로 또 다른 태풍 예보가 있는데, 능동적이고 적극적으로 대비하여 언제든 피해가 없도록 합시다.

오늘은 부대 관리에 대해 강조하겠습니다. 부대 관리 분야는 통상 작업이라는 말로 흔히 쓰입니다. 제초, 울타리 정비, 시설 보수 등 대부분의 활동을 작업이라 부릅니다. 그런데, 이런 부대 관리와 관련된 임무 중에서도 작전이라는 용어를 사용하는 것이 두 가지가 있습니다. 바로 배수와 제설입니다. 이 두 가지는 지금 당장 하지 않으면 작전 수행이 되지 않을 뿐더러 우리에게 큰 피해를 줄 수 있기에 작전이라고 부르는 것입니다.

야외 숙영 시 텐트 주변이나 주둔지 내외부 배수가 잘되지 않으면 어떻게 될까요? 갑작스러운 비에 물이 흘러넘쳐 일상생활도 불편하고, 우리가 구축해 놓은 작전 시설물이 파손될 수도 있습니다. 제설 작전은 또 어떨까요? 눈을 치우지 않으면 막사 주변이나 도로가 결빙되어 일상적인 활동의 제한뿐 아니라 차량의 운행이 불가해서 작전을 수행할 수도 없습니다. 따라서 각 부대는 이 두 가지에 대해서는 평일이든, 주말이든, 낮이든, 밤이든 필요할 때는 언제든지 해야 한다는 점을 인식하고 체계를 잘 갖추어 주기 바랍니다.

얼마 전 「한산」이라는 영화를 보았습니다. 이순신 장군은 언제 봐도 감탄이 절로 나오는 명장이라는 생각이 들었습니다. 이순신 장군께서는 임진왜란이 일어나기 1년 전인 1591년에 전라좌도 수군절도사에 임명되었고, 보직된 후에 거북선을 건조하고 화포 시험을 하는 등 전쟁을 대비하기 위해 노력하였습니다.

여기서 한번 생각해 봅시다. 이순신 장군께서 전라좌도 수군절도사에 임명되어 1년 동안 전쟁 준비를 끝내지 못했다면 어찌 되었을까요? 생각만 해도 아찔합니다. 당시 조선은 임진왜란 발발 기준으로 과거 200여 년간 전쟁이 일어난 적이 없는 나라였습니다. 겉으로 평화로웠던 조선에는 국방에 관심이 없는 조정과 먹고살기 급급한 백성들이 있을 뿐이었습니다. 이런 제한 사항에도 불구하고 이순신 장군을 필두로 한 조선 수군은 묵묵히 전쟁 준비를 완료하고 임진왜란에서 전세를 역전시켜 나라를 구할 수 있었습니다.

지금의 현실을 한번 생각해 보겠습니다. 우리나라를 남북으로 갈라놓은 6·25전쟁이 끝난 지 70여 년이 지난 지금을 평화의 시대로 생각하며 많은 국민은 국방비를 줄이라고 요구합니다. 군인들, 심지어 간부 중에도 끌려온 군(軍) 생활이라 평가하고, 이 기간을 의미 없는 것으로 생각하기도 합니다.

물론 군(軍) 생활이 쉽지는 않다는 것을 잘 알고 있습니다. 부대마다 인력과 예산이 부족하고, 대부분의 시설물이 낡아서 스스로 고쳐 쓰는 경우가 허다합니다. 수직적인 계급 사회이다 보니 분위기도 딱딱합니다. 지금의 관점으로 보면 참 매력 없는 곳이라 할 수 있겠습니다.

하지만 군(軍)에 그런 잣대를 들이대는 것이 과연 맞는 것인지 이순신 장군의 선례에서 교훈을 얻을 수 있습니다. 전쟁 가능성 유무를 두고 다투던 조정의 무관심에도 굴하지 않고 묵묵히 전쟁을 준비한 이순신 장군이 결국 커다란 승리를 얻었듯이 우리 역시 평화의 시대에 전쟁을 대비하기 위해 노력해야 한다는 것을 잊지 말아야겠습니다. 우리 장병 한 명씩의 역할이 모여 지금의 우리 여단이 되고, 또 그런 노력들이 모이고 모여 강한 국방력이 되는 것입니다. 현재의 직책에 충실히 임할 것을 당부합니다.

마지막으로 통신 보안을 강조하겠습니다. 제가 대대나 소초 등에 가면 여러분이 무전으로 교신하는 것을 들어볼 수 있는데, 대부분 CEOI에 있는 호출명이 아니라 편의대로 부르는 경우가 많았습니다. 현재 진행 중인 임무에 대해서도 약호나 음어보다 평문으로 내용을 주고받는 경우가 있었습니다.

여러분도 알다시피 무선 통신은 전파의 방사 범위가 우리가 생각하는 그 이상으로 넓게, 그리고 멀리 퍼져 나갑니다. 같은 주파수만 맞춰 놓는다면 북한에서도 우리의 교신을 들을 수 있습니다. 실제로 북한에서는 접경 지역 일대에 거대한 안테나를 수십 개 세워 놓고 우리의 교신을 엿듣기 위해 애쓰고 있습니다.

　이런 상황에서 그저 편하다는 이유로 무전 교신 시 일상 용어로 주고받는다면 북한은 이를 아주 좋은 정보로 여기고 수집할 것입니다. 각 부대에서는 핸드토키, P-96K, P-999K 등의 모든 무전기 운용 상태를 확인해 보고, CEOI와 약호, 음어 사용을 생활화하기 바랍니다. 처음에는 불편할 수 있습니다. 익숙해지기 전까지 불편한 것은 당연하므로 익숙해질 때까지 잘 확인하고 강조하여 주기 바랍니다.

　내일부터 추석 연휴가 시작됩니다. 여러분 모두가 추석 연휴 기간 집에서 가족과 친지, 친구들과 즐겁게 지낼 수 있다면 좋겠지만 우리 군인은 대부분 그렇게 할 수가 없어서 안타깝습니다. 그러나 우리가 이곳에서 임무를 잘 수행하고 있기에 많은 국민이 걱정 없이 편한 마음으로 명절을 보낼 수 있다는 보람으로 연휴 기간에도 작전 태세를 잘 갖추어 주기 바랍니다.

　오늘은 퇴근하기 전까지 연휴 기간에도 부대 관리 시스템이 잘 돌아갈 수 있도록 확인하고, 부하들이 연휴 기간 어떻게 보낼지, 그들이 편하게 연휴를 보내기 위해서 필요한 것이 무엇인지 생각해서 사전에 잘 준비해 주고, 연휴 기간 부대원들을 확인할 수 있는 체계도 갖추어 주길 바랍니다. 소외되는 사람이나 부대가 없도록 저도 잘 살피겠습니다.

　여러분 모두를 사랑합니다.

여단장 편지 17(9월 셋째 주)

지휘관의 역할

지난 추석 연휴 기간에 많은 간부가 부대에 출근하여 부하들과 함께하는 모습을 보았습니다. 군인도 사람이기에 연휴 기간에 가족이나 친구들과 보내고 싶은 게 당연하지만, 개인의 휴식 시간을 할애하면서 부하들과 함께하는 모습은 참 대단하다는 생각이 들었습니다. 여러분의 이러한 부하에 대한 정성과 관심이 활기찬 병영 문화의 밑거름이 될 수 있기에 감사의 인사를 전합니다.

연휴 기간에 저는 어떤 글에서 '리더가 숨만 쉬어도 조직은 돌아간다. 가만히 있는 게 돕는 거다'라는 문구를 읽었습니다. 그 글을 읽고 우리 군(軍)에서의 리더, 지휘관을 떠올려 보면서 책 속의 그 말이 참 무책임하다는 생각이 들었습니다.

그 이유는 첫째로, 부대가 시스템에 의해 완벽하게 운영된다면 좋겠지만 실제로는 그렇지 않기 때문입니다. 우리는 인간이기에 조직에 속한 사람들의 숙련도가 다르고, 개개인의 성향, 규정과 방침의 이해도, 업무 추진의 방향성이 다양할 수밖에 없습니다. 모든 업무 담당자가 각자의 위치에서 모든 규정과 방침을 100% 숙지하고 명시된 과업을 빠짐없이 수행하는 것도 아니며, 결과 역시 100%가 나올 수 없습니다. 그래서 지휘관은 부대 운영의 시스템을 잘 살펴보고 미흡한 것은 개선하고, 방향성을 확인하며, 혹시 부하에게 제한 사항이 있다면 즉시 조치해 줘야 합니다.

둘째, 부대는 당연히 법령과 규정, 방침에 의거하여 운영되겠지만 지휘관은 시기와 상황에 따라 부여된 과업을 무엇부터 시작할지, 어느 것에 더 많은 시간과 자원을 투자해야 할지 등을 결심하고 추진해야 합니다. 순차적으로 진행하다가는 늦어 버리는 상황이 생길 수도 있고, 때에 따라서는 일의 순서가 반대로 뒤바뀔 수도 있습니다. 그것을 결심하는 것이 바로 지휘관입니다. 지휘관이 규정과 상급 지휘관의 의도, 각 소초 및 기지 등 현장에 있는 각개 전투원까지의 상황을 고려해서 구체적으로 과업을 조정 통제해야만 제한된 시간과 자원을 효율적으로 활용하여 성과를 달성하고 안정적으로 부대를 운영할 수 있습니다.

셋째, 부대 역시 살아 있는 생명체와도 같습니다. 사람도 어제와 오늘이 다르듯이 부대도 어제와 오늘이 다릅니다. 임무가 매일 똑같은 것 같지만, 계절이 바뀌고 수행하는 사람이 바뀝니다. 같은 사람이라고 하여도 계급이 바뀌고 직책도 바뀔 수도 있고, 개인적인 이유로 군(軍) 생활에 임하는 마음이 달라지기도 합니다. 부하들이 간과할 수 있는 일상의 변화를 일깨워 새로운 생각과 시각으로 바라볼 수 있도록 지도하고, 구성원들 자체의 변화를 알아채고 그들의 발전과 행복을 도와주는 것도 지휘관의 분명한 역할입니다. 리더(지휘관)가 그저 가만히 숨만 쉬고 제 역할을 하지 않는다면 그 조직의 미래는 불 보듯 뻔합니다.

그리고 앞에서 지휘관을 주어로 이야기를 했지만 이것을 간부라고 바꿔도 내용은 같습니다. 간부들은 각자가 맡고 있는 크고 작은 조직에서 리더이자, 지휘관이기 때문입니다. 저는 우리 여단의 많은 간부가 자신의 위치에서 묵묵히 훌륭한 리더의 역할을 하고 있음을 알고 있습니다. 다만 지금까지 잘해 왔다고 해서 앞으로도 지금과 똑같이 해서는 안 됩니다. 매일 더 생각하고, 매일 더 노력을 집중해 봅시다.

다음 주에는 상급부대에서 전투 준비 태세를 측정하는 검열이 예정되어 있습니다. 검열의 내용은 이미 고지되어 알고 있겠지만, 아직 어느 부대가 수검을 받을지 정해지지 않았습니다. 혹시 여러분이 평가 부대로 지정되어서 평가를 받게 되더라도 우리가 작전사를 대표하여 평가를 받는다는 것에 너무 큰 부담을 갖지 않았으면 좋겠습니다. 이미 잘하고 있고, 지금처럼만 하면 됩니다. 다만 부대 운영이 실시간 변경될 수 있으므로 이에 대해 선제적이고 능동적인 대처를 하도록 준비해 주기 바랍니다.

또한 다음 주 초에 14호 태풍 난마돌의 영향권에 들어갈 수 있다고 합니다. 재난에 대한 예방 조치는 과도하다고 생각될 정도로 해야 피해를 최소화할 수 있습니다. 필요한 대비를 적극적으로 해 주기 바랍니다.

여러분 모두를 사랑합니다.

여단장 편지 18(9월 넷째 주)

적의 위협은 곧, 군의 존재 이유

오늘은 추분(秋分)입니다. 여름철 밤보다 길었던 낮이 점점 짧아지면서 낮과 밤의 길이가 같아지는 시기입니다. 오늘 오전에 잠깐 비가 왔었는데 비가 온 이후로 바람이 많이 차가워졌습니다. 모두 건강 관리에 힘써 주기 바랍니다.

오늘은 먼저 대적관에 대해 강조하겠습니다. 사실 군인은 무척이나 힘들고 어려운 직업입니다. 충분하지 않은 봉급, 수직적인 상하 관계, 밤샘 근무, 잦은 이사 등 매력적이지 않은 요소들을 많이 가지고 있습니다. 또 과거보다 국가 안보에서 군(軍)의 역할을 인정해 주는 사회적인 분위기도 많이 줄어들어 사명감을 느끼기도 힘들어졌습니다.

그런데도 우리가 최선을 다해 임무를 수행하는 이유는 무엇일까요? 그것은 우리 앞에 진짜 적의 위협이 있기 때문입니다. 과거부터 지금까지도 대한민국에 대한 적들의 침투가 있었고, 때로는 미사일 실험이나 직접적인 포탄 사격 등의 도발도 여전히 발생하고 있습니다. 이러한 상황에서 군(軍)은 현실에 존재하는 적의 위협에 대응하는 유일한 수단이며, 우리 국민과 국토를 지킬 수 있는 방패입니다.

이러한 적의 위협이 우리의 존재 이유입니다. 우리는 반드시 적의 존재와 그 위협을 명확하게 인식하여 머릿속에 담고, 그들의 위협에 대응해야 합니다. 경계 작전을 하지 않은 부대에서 근무하는 간부들 역시 적의 위협을 명확히 인식해야 하고, 사무실과 주둔지에서 수행하는 행정 업무나 교육 훈련 역시 적의 위협에 대비하기 위해 꼭 필요한 임무라는 것을 명심해 주길 바랍니다.

두 번째 강조 사항은 작전 기강 확립입니다. 우리는 작전 기강을 확립해야 한다고 매번 강조하고 있는데 왜 자꾸만 이완되고 있는 걸까요? 그 답은 앞서 이야기한 대적관과 연계되는 사항입니다. 바로 내 앞에 적이 나타나지 않을 거라는 생각 때문입니다.

평소와 다른 선박 활동을 그저 '새로 온 낚시꾼들이겠지'라고 자체 판단하여 보고하지 않거나, '어제까지도 별일 없었던 데가 뭐 특별히 달라질 게 있겠어?' 하며 일일 단위 수색 정찰을 대충 하거나, 위기 조치 요원으로 편성되어 있는데도 '설마 주말에 무슨 일이 생기겠어?'라고 생각하며 다른 지역으로 출타하고, 군인의 음주량은 유사시 상황 조치를 할 수 있을 정도라고 알고 있으면서도 만취 상태까지 술을 마시는 등 작전 기강 해이의 모든 원인은 내 앞에는 적이 나타나지 않을 거라는 안이한 생각 때문입니다.

어떤 사람들은 군인도 사람인데 이렇게까지 숨 막히게 살아야 하는 거냐며 불평을 늘어놓습니다만 절대 그렇지 않습니다. 매일 하는 작전은 그날그날의 기상, 인원 편성, 기타 상급부대의 첩보 등을 확인하여 변화 요소에 중점을 두고 하면 됩니다. 일과 종료 후 개인이나 특정 모임에서 음주를 할 때도 적정량을 정하여 즐겁게 마시고 끝내면 됩니다. 주말에 개인적인 용무가 있다면 지휘관에게 보고 후 통신 대기 체계를 갖추고 다녀오면 됩니다.

작전 기강 해이를 바로잡기 위해서는 내 앞에 적이 온다는 생각에서부터 시작해야 합니다. 작전 기강이 생활 속에 녹아들어 그것이 힘들고 귀찮은 것이 아니라고 느껴질 때 우리는 완벽하게 임무를 수행할 수 있을 것입니다.

마지막 강조 사항은 또 소통입니다. 여러분 중에서 '시간 나면 언제 밥 한번 먹자'라는 말을 했거나 들어 본 적 있지 않나요? 그러면 열에 아홉은 이루어지기 어렵습니다. 만약에 '내일 점심때 밥 먹자'라고 약속을 했다면 어떨까요? 아마 열에 아홉은 실제로 만날 가능성이 클 것입니다.

사소해 보이지만 부대에서의 소통도 언제 시간이 날 때 하는 것이 아니라 시간을 내서 해야 합니다. 서로가 먼저 시간을 만들어서 찾아가는 것부터 소통이 시작됩니다. 꼭 상급자가 먼저 이야기를 꺼내야 하는 것도 아닙니다. 부하들이 상급자나 지휘관에게 언제 어떻게 보자고 이야기를 해도 좋습니다. 그 최초의 시도가 없다면 짧든 길든, 의미가 있든 없든 소통 자체가 일어날 수 없습니다. 시간을 만들어서 시작한 소통의 시작을 충분한 대화로 마무리한다면 아마도 우리 모두의 군(軍) 생활은 조금 더 서로를 이해하는 모습으로 바뀔 것입니다.

다음 주가 벌써 9월의 마지막 주입니다. 분기로 따지면 3/4분기의 끝이 됩니다. 아마도 여러분 중에는 올 한 해 개인별로 목표했던 것의 75% 이상을 달성한 사람도 있고, 아직 부족함을 느끼는 사람도 있을 것입니다. 하지만 앞으로 남은 3개월이라는 시간은 무언가에 도전해서 의미 있는 성과를 내기에 충분한 시간입니다. 남은 3개월을 어떻게 보낼지 잘 계획하여 시행할 수 있길 바랍니다. 아울러 다음 주는 월말이자 3/4분기의 마지막 주임을 명심하고 업무를 잘 확인하여 때를 놓치지 않도록 해 주기 바랍니다.

여러분 모두를 사랑합니다.

여단장 편지 19(9월 다섯째 주)

전우는 내 인생의 한 페이지

이번 한 주도 고생 많았습니다. 먼저 직할 중대의 동원 훈련이 있었는데 철저한 준비를 통해 실시간 잘 통제해 준 직할 중대 장병에게 박수를 보냅니다. 아울러 화요일에는 박격포 조명탄 사격과 기관총 사격이 있었는데 밤하늘을 환하게 비춘 박격포 조명탄을 보니 평시에도 잘 훈련된 박격포 요원들의 노력을 볼 수 있었습니다. 다만 K-6 사격 간 일부 미흡한 점이 식별된 것은 이번 기회에 잘 보완하여 개선해 나가도록 합시다.

오늘은 두 가지를 강조하겠습니다. 최근 간부들의 전출입이 많아졌습니다. 앞으로도 연말 보직 이동 및 부대 개편과 맞물려 추가로 많은 전출입이 예상됩니다. E 대대에 있던 이○○ 중사가 여단 본부로 전입을 왔고, 내일은 여단 본부에서 근무하던 장○○ 주무관이 사령부로 전출을 갑니다. 그런데 아마 일보에는 부사관 +1, 군무원 -1이라고 작성되었을 겁니다.

그러나 우리는 사람이 오고 가는 것을 단순한 숫자의 더하기, 빼기로 보아서는 안 됩니다. 함께 있던 사람을 떠나보내든, 새로운 사람을 맞이하든 그 만남과 헤어짐은 내 인생의 한 페이지가 되는 아주 중요한 의미를 지닙니다. 즐겁고, 행복했고, 때론 힘들었고, 어려움을 함께해서 고맙기도 한 다양한 마음이 담겨 있는 시간이자, 내 인생과 그 사람의 인생이 교차하는 의미 있는 지점이라는 뜻입니다.

앞으로 여단에 많은 간부가 오고 갈 때 각 부대에서 조금이나마 따뜻한 환송과 환대를 해 주는 건 어떨까를 한번 생각해 봅니다.

두 번째 강조 사항은 동계 작전 준비입니다. 내일이면 10월입니다. 요즘은 아침저녁으로 제법 쌀쌀해져 긴소매 옷에 먼저 손이 가는데, 바야흐로 겨울을 준비해야 하는 시기입니다. 옛 조상들은 10월이면 겨우내 먹을 식량과 땔감을 모으는 등 추운 겨울을 지내기 위한 준비를 했는데, 우리 군인은 무엇을 준비해야 할까요?

동계 작전을 준비하려면 동계의 특성을 먼저 구체적으로 알아야 합니다. 일단 춥습니다. 추우면 잘 입어야 하고, 실내도 따뜻해야 하고, 따뜻한 물도 잘 나와야 합니다. 장비도 겨울이 되면 작동되지 않을 수 있으니 사전 정비를 잘해야 하고, 눈이 많이 올 수도 있으니 제설 도구도 미리 준비해 놔야 합니다. 노출된 배관들도 얼지 않도록 사전에 조치해야 합니다.

동계 작전 준비의 목적은 동계에도 정상적으로 작전을 수행하기 위해서입니다. 물론 우리 부대가 전방과 비교해서 동계 작전 준비를 할 것은 많지 않지만, 그렇다고 방심하고 준비하지 않으면 겨울에 정상적으로 작전을 수행하기 어려울 것입니다. 또한 준비하지 않아 발생할 수 있는 여러 가지 어려움의 대부분은 소초나 기지에 있는 초급 간부나 용사들이 직접 느낄 가능성이 큽니다. 간부들은 특별히 신경을 써서 준비 바랍니다. 저도 10월 중순에는 부대별 동계 준비 실태에 대해서 직접 확인하겠습니다.

내일은 10월 1일 국군의 날입니다. 모두 축하의 손뼉을 쳐 봅시다! 국군의 날은 실제 국군이 창설된 날은 아닙니다. 우리나라가 광복된 이후에 육해공 각 군별로 창설일이 다 달랐는데 6·25전쟁 시 반격 작전을 통해 38도선을 돌파하여 북진을 시작한 뜻깊은 날이기에 국군의 날로 정하여 오늘에 이르고 있습니다. 국군의 날만큼은 우리 스스로가 좀 더 자부심을 느끼고 지내길 바랍니다.

여러분 모두를 사랑합니다.

여단장 편지 20(10월 첫째 주)

전투 장비 관리는 곧 전투력

이제 아침저녁으로 몸이 움츠러들 정도로 기온이 낮아졌고, 한낮에도 온도가 20도 내외입니다. 춥다고 생각하면 춥지만 생각해 보면 선선해서 오히려 땀 흘리기 좋은 계절입니다. 마침 체력 측정도 계획되어 있으니 추워졌다고 실내에만 있지 말고 활기차게 이 가을을 보내기 바랍니다.

오늘은 세 가지 강조 사항이 있습니다. 먼저 최근의 상황을 이해하고, 군(軍) 본연의 임무를 완수하고 기강을 확립해야 합니다. 최근 북한의 움직임이 심상치 않습니다. 김정은은 지난 9월 8일 최고인민회의에서 채택한 '핵 무력 정책법'을 통하여 먼저 핵무기를 사용하지 않을 것이라던 기존 원칙을 180도 뒤집고 핵 전장 상황은 물론 비핵전 상황에서도 북한의 자의적인 판단에 따라 선제적인 핵 사용이 가능함을 천명했습니다.

뒤이어 여러 차례의 미사일을 발사하고, 일본 열도를 넘어 화성 12호로 추정되는 중거리 탄도 미사일을 발사하였고, 어제는 휴전선 일대에서 전투기와 폭격기 편대를 출격시켜 무력시위를 하는 등 군사적 긴장이 고조되고 있습니다.

혹시 여러분 중에 '저러다 말겠지'라고 안일하게 생각하는 사람이 있지는 않습니까? 북한의 이러한 도발은 앞으로도 계속되고, 그 양상도 예상치 못한 방향으로 흘러갈 가능성이 큽니다. 이럴 때일수록 우리 여단의 전 장병과 군무원, 예비군들은 자신의 위치에서 부여된 임무와 역할에 충실해야 하고, 작전 대비 태세를 철저히 유지해야 합니다.

아울러 이러한 상황에서 간부나 출타 병사가 흐트러진 모습을 보인다면 그것을 지켜보는 우리 국민에게 더 큰 불안감을 안겨 줄 수 있고 군(軍)에 대한 신뢰감을 떨어트릴 수 있습니다. 따라서 전 부대원은 부대 내외에서 기강이 잘 유지된 상태가 지속될 수 있도록 노력해 주기 바랍니다.

두 번째로 전투 장비 관리와 운용 능력의 중요성을 강조합니다. 만약 화재가 발생해서 119에 신고했을 때 출동한 소방차에서 물이 나오지 않는다면 어떨까요? 혹은 흉기를 들고 위협하는 범죄자가 있어 112에 신고했는데 출동한 경찰의 테이저건이 발사되지 않으면 어떨까요? 상상도 할 수 없는 일이지요? 그렇다면 적과 대치하고 있는 상태에서 출동한 군인의 총이 발사되지 않는다면 과연 어떻게 되겠습니까? 본인의 목숨을 잃는 것은 물론 국민과 국가에도 큰 위협을 초래하는 결과를 낳을 수 있습니다.

얼마 전 여단 공용 화기 사격 간에 K-6의 문제가 식별되었다고 이야기한 적이 있습니다. 야간 사격 훈련에서 일부만 사격을 실시하고, 나머지는 사격하지 못했습니다. 그 이유는 정비 불량과 야간 조작 미숙 등이었습니다. 사격을 하지 못했다는 것은 우리 군(軍)의 존재 목적에 부합하지 못하는 내용입니다.

우리가 왜 군복을 입고 영내 생활을 하면서 대비 태세를 유지하고 있을까요? 바로 적의 위협에 즉각 대비하기 위함입니다. 적의 위협에 대응하는 가장 중요한 수단은 화기입니다. 위협을 가해 오는 적에게 맨몸으로 대응할 수는 없습니다. 여러분이 가지고 있는 개인 화기 및 공용 화기로 적을 제압해야 하는데 제대로 운용되지 않으면 어떻게 적을 제압할 수 있겠습니까? 각 부대에서는 개인 화기, 공용 화기를 포함한 통신 장비, 차량, 전투 장구류 등에 대해서 상시 운용 가능토록 정비하고 사용 능력을 숙달하도록 부대 운영을 계획하고 시행하기 바랍니다.

마지막 강조 사항은 안전입니다. 지난 화요일은 안전 훈련의 날이었습니다. 육군 차원에서 매달 하루를 정해 안전 훈련의 날을 시행하고 있는 것은 그만큼 안전이 중요하기 때문입니다. 안전을 중요하게 생각해야 하는 이유는 무엇일까요? 국방안전훈령을 보면 다음과 같이 그 이유가 나와 있습니다.

인력 및 자산 등에 대한 안전을 제고함으로써 임무에 전념할 수 있는 여건을 조성하여 전투 준비 태세를 강화

부대의 간부들은 자기 자신은 물론이고 병사를 포함한 모든 부대원의 안전을 책임져야 합니다. 또한 안전한 병영 환경을 만드는 것이 곧 전투 준비 태세에 이바지하는 것임을 알아야 하고, 우리 부대가 안전을 위해 노력하는 것이 결국 우리나라 전체의 안전을 위한 것임을 반드시 기억해야 합니다.

안전이라는 단어가 들어 있는 법령만 해도 200개가 훨씬 넘으며, 안전을 지키지 않으면 관리자에 대한 책임을 강화한 중대 재해 특별법이 있을 정도로 사회 전반적으로 안전이 중요한 요소가 되었습니다. 우리 군

(軍)에서도 국방안전훈령과 육군의 위험성 평가 지침 등 여러 가지 훈령 및 지침이 있으며, 육군 본부에는 '전투준비안전단'이, 군단급 이상 부대에서는 '전투준비안전실' 등의 안전 전담 부서가 있을 정도로 안전에 대해서 큰 노력을 기울이고 있습니다.

그러나 제가 느끼는 우리 부대의 안전에 대한 인식은 매우 부족합니다. 훈련이나 근무 등 부대 활동 간 환자들이 많이 발생하고, 교통 법규를 위반하기도 하며, 주둔지 곳곳에 위험한 물건이나 다칠 수 있는 시설 역시 많습니다.

그런데 이러한 상황을 업무를 담당하는 특정 간부나 병사 한두 명의 노력 부족이라고만 평가하는 것은 전체 간부가 책임을 회피하는 일이라고 생각합니다. 부대원 전체가 안전에 대해 항상 생각하고, 안전 관련 사항은 선 조치 후 보고하는 체계를 갖추고 적극 실천하는 분위기라면 장병 누구라도 주변의 어디에서든 위험 요인을 발견할 수 있습니다. 여러분 개인의 안전은 물론이고 부대원 전체의 안전을 위해 이 시간부터 주변을 잘 확인하고, 훈련이나 작업 이전에 안전을 잘 생각하고 시작합시다.

내일부터 한글날의 대체 휴일까지 3일간의 연휴가 계획되어 있습니다. 한글의 소중함을 생각해 보는 한편 연휴 기간 대비 태세를 잘 갖추고 기강을 확립한 상태에서 조금이나마 여유를 갖고 즐거운 연휴를 보내기 바랍니다.

여러분 모두를 사랑합니다.

여단장 편지 21(10월 둘째 주)

북한의 행태에 대응하는 방법

 이번 한 주도 고생 많았습니다. 이번 주에는 F 기지의 경비정 요원들이 해상 사격을 시행하였습니다. 5년 만에 실시하는 것임에도 불구하고 공용 화기를 능숙하게 조작하고, 정비까지도 완벽하게 수행하였습니다. 경비정 기지장을 비롯한 부대원들에게 박수를 보냅니다.

 오늘은 세 가지 강조 사항이 있습니다. 먼저, 부대 개편 관련 전(全) 부대원들의 관심과 이해, 적극적인 참여를 바랍니다. 여단 차원에서는 부대 개편 관련 업무를 올해 가장 큰 과업으로 판단하고 지금 이 시각에도 기능별 추진 과제를 사단과 협업하여 추진하고 있습니다만 계획대로 순서에 맞게 진행되는 것은 상당히 어려운 일인 것 같습니다.

 후임자가 오기 전에 전출을 가서 공석이 생긴다든지, 해안 경계 업무가 내륙 업무와 비교해 우선하여 조치되거나, 부대별 임무 해제일과 창설일이 달라 임무가 혼재되거나 공백이 생기기도 하고, 전출입자(轉出入者)가 많아 당직 근무자가 일시적으로 줄어든다든지, 간부 숙소도 준비가 되지 않아 출근 시간이 길어지거나 방 하나를 여러 명이 쓰는 경우도 생길 수 있습니다.

또 하나 제가 걱정되는 것은 간부들이 많이 바뀌고, 부대의 임무와 역할이 변경되는 상황에서 해안 경계 임무가 소홀해지거나, 부대별로 관심이 필요한 용사들이 관심 밖으로 밀려나지 않을까 하는 것입니다. 그래서 더욱 더 모든 부대원이 부대 개편에 관해 관심을 두고 추진되는 방향과 순서를 이해하고, 발생하는 문제를 빨리 해결할 수 있도록 함께 고민하고 노력해야 합니다.

불평불만이 있을 수 있습니다. 하지만 그것으로는 아무것도 해결되지 않습니다. 모두가 변화의 주체라는 마음으로 여단 차원에서 인지하지 못하는 문제는 바로 알려 주고 함께 고민해 주길 바랍니다. 제가 앞장서서 해결해 나가겠습니다.

두 번째로 음주 문화 개선입니다. 앞서 이야기한 부대 개편으로 많은 간부가 전출입하고 있고, 이에 따른 환송, 환영 회식 자리가 많아지고 있습니다. 꼭 그것이 아니더라도 외박이나 휴가를 실시하는 장병들과 출퇴근하는 간부와 상근 예비역들도 개인적으로 술자리를 갖는 경우도 많습니다. 여러분에게 술을 마시지 말라는 말은 하지 않습니다. 다만 과도한 음주를 하지 말라는 것입니다. 군인의 음주량은 언제든 부대로 복귀하여 정상적으로 상황을 조치할 수 있는 수준이 되어야 합니다. 적정선을 지키면 아무런 문제가 되지 않습니다.

또한 음주는 자칫 2차 사고로 이어질 가능성이 있습니다. 음주 후 운전한다거나, 들뜬 기분에 폭언이나 욕설을 하기도 하고, 다른 사람과 시비가 붙어 폭력으로 이어지기도 합니다. 정상적인 판단을 하지 못해 불필요한 접촉을 할 가능성도 있습니다. 음주로 인한 한 번의 실수가 여러분이 지금까지 쌓아 왔던 모든 것을 물거품으로 만들 수 있습니다. 꼭 명심해야 합니다.

　혹시나 음주량에 대해 스스로 통제할 수 없다면 과감하게 술자리를 피해야 합니다. 그것이 성인이자 군인으로서의 자세입니다. 다시 강조합니다. 퇴근 이후, 출타 간 음주를 할 수는 있습니다. 다만 과도한 음주로 임무 수행이 불가능하거나, 정상적인 판단을 하지 못하고 음주 운전, 폭행 등의 문제를 일으키지 않도록 주의하기 바랍니다.

　끝으로 북한의 움직임이 심상치 않습니다. 지난주에도 강조했던 내용이지만 북한의 위협적인 도발은 계속되고 있습니다. 이번 주에도 북한의 미사일과 포병 사격, 비행 활동이 많이 있었습니다. 부대 밖의 민간인들이라면 내용만 듣고 "아, 또 저러네" 하면서 흘려버릴 수도 있습니다. 그러나 우리는 군인입니다. 우리만이 북한의 위협을 정확히 인식하고, 우리만이 그 위협에 대응할 수 있습니다.

　제가 볼 때 요즘 북한의 행태는 권투의 잽(jab)과 비교할 수 있습니다. 권투에서 상대방을 쓰러뜨리기 위한 결정적인 한 방은 어퍼컷(uppercut)이나 훅(hook)입니다. 그러나 처음부터 상대방에게 그런 결정타를 날리는 것은 굉장히 어렵습니다. 그래서 노련한 선수는 잽을 많이 이용합니다. 그는 여러 번의 잽을 이용해 상대방의 반응을 살펴봅니다. 상대가 빠른지 느린지, 어느 쪽으로 잘 피하는지, 어떤 공격을 하는지를 관찰합니다. 무수한 잽을 날리다가 상대의 허점이 보이면 그때를 놓치지 않고 어퍼컷이나 훅을 이용하여 상대를 무너뜨립니다.

　북한의 잦은 도발이 잽이라는 것은 바로 이런 이유입니다. 지금 그들은 다양한 도발 수단을 이용하여 우리 대비 태세를 점검하고, 허점을 확인하고, 우리를 피로하게 만들고 있습니다.

이럴 때 우리는 어떻게 해야 할까요? 우리도 무작정 똑같이 대응해야 할까요? 아닙니다. 우리는 항상 출동할 수 있는 준비를 한 상태에서 휴식을 병행하며, 정신적으로 항상 대비하고, 해야 할 것을 차분히 생각하며 준비하면 됩니다. 절대로 그들의 얄팍한 속셈에 넘어가서는 안 됩니다.

다음 주부터는 본격적인 월동 준비와 호국 훈련 준비를 시작해야 할 때입니다. 잘 계획하여 안전하게 시행하기 바랍니다. 주말 출타자에 대해서는 부대별로 다시 한번 최근의 상황을 포함하여 기강이 확립될 수 있도록 교육하고, 초기 대응반 등 유사시 상황 조치를 위한 간부들의 대비 태세도 반드시 지킬 수 있도록 확인하기 바랍니다. 모두 즐거운 주말이 되길 바랍니다.

여러분 모두를 사랑합니다.

여단장 편지 22(10월 셋째 주)

선선한 가을에는 운동을

전 부대가 다음 주부터 예정된 호국 훈련 준비를 하느라 고생이 많았습니다. 쉽지는 않겠지만 여러분이 준비한 만큼 훈련의 성과도 높아진다는 것을 잊지 말기 바랍니다.

오늘은 세 가지를 강조합니다. 먼저 다음 주 호국 훈련 관련입니다. 호국 훈련은 합참 주관으로 합동 작전 수행 능력과 통합 전투력 운용 및 작전 지원 능력을 배양하기 위하여 연례적으로 실시하는 야외 기동 훈련입니다. 세부적인 내용은 대대와 중대에서 반드시 별도의 교육을 통하여 전 장병이 훈련의 내용과 일정, 주의 사항 등을 구체적으로 알 수 있도록 하기 바랍니다.

이것을 강조하는 이유는 훈련에 대한 전체적인 내용과 흐름을 이해한 상태에서 임해야만 훈련에 집중할 수 있기 때문입니다. 또한 이번 훈련은 작전사 전 부대가 참가하는 대부대 훈련인 만큼 실제 대항군이 운용되지 않는 곳도 있고, 지원 부대들이 여건상 FTX[3]가 아닌 CPX[4]나 CPMX[5]로

---
3) Field Training Exercise: 야외 기동 훈련
4) Command Post Exercise: 지휘소 훈련
5) Command Post Movement Exercise: 지휘소 이동 훈련

만 참가하기 때문에 장병들 눈에는 보이는 게 아무것도 없을 수도 있습니다. 그러므로 훈련에 대해 구체적으로 잘 알려 주어야 합니다.

추가적으로 부대별로 잘 준비하고 있겠지만, 최근에 기온이 많이 낮아짐에 따라 훈련 간 춥지 않게 방한 피복을 잘 챙겨 주고, 차량 상태도 잘 점검하여 작전 간 제한이 없도록 확인, 조치해 주기 바랍니다.

두 번째는 적극적인 야외 활동과 운동으로 건강한 가을을 보내자는 것입니다. 벌써 10월 말입니다. 가을이 깊어져 가고 있어 날씨는 매우 쌀쌀하고, 아침저녁 일교차도 큽니다. 이런 시기에는 특별한 이유가 없어도 유난히 우울해지거나 의기소침해지게 됩니다. 찬 바람이 일고 절기의 변화가 감지되면 콕 집어 말할 수 없는 공허함이 신체 오감 기관에서 느껴지고, 심리 상태 또한 민감해지기도 하는데, 이러한 현상을 가을앓이(Autumn Sickness)라고 합니다.

이 현상에 대해 조금 더 알아보면, 가을에는 여름과 비교해 일조량이 부족해지고, 외부 활동이 줄어들면서 상대적으로 햇볕을 쬐는 시간이 줄어들어 신체 내에서 비타민 D의 합성이 줄어들게 된다고 합니다. 이렇게 되면 신체 내에서 테스토스테론이라는 남성 호르몬의 분비도 줄고, 이것이 상대적으로 우울감을 느끼게 하는 원인이 될 수 있습니다. 그래서 가을만 되면 유독 외로움과 울적함을 말하는 남자가 많다고 합니다.

그렇다면 이러한 것을 해소하는 방법은 무엇일까요? 바로 햇볕을 많이 쬐는 것입니다. 간단하지요? 저도 라떼 이야기는 하기 싫지만, 옛 어른들의 말씀 중에 진리라고 생각하는 것이 바로 '운동 많이 해라', '책 많이 읽어라'입니다. 가을철에는 운동을 열심히 해도 여름보다 땀이 덜 나서 좋고, 가을은 독서의 계절이라는데 실내에서 핸드폰을 보는 시간을 조금 줄이고 따뜻한 가을 햇살 아래서 책도 한 권 읽어 보는 건 어떨까요? 건강하고 활기찬 가을을 보낼 수 있을 것입니다.

끝으로 지난주에도 강조했지만, 북한의 도발이 심상치 않습니다. 지난주까지는 미사일 시험 발사 등으로 도발을 하더니 이번 주에는 밤낮을 가리지 않고 지상 및 해상 완충 구역에 포병 사격을 하고 있습니다. 완충 구역이라는 것은 지난 2018년 '9·19 군사 합의'를 통해 남북한이 접경 지역에서 우발적인 충돌을 막기 위해 사격을 하지 말자고 설정한 안전지대라고 이해하면 되는데, 북한은 노골적으로 이 구역에서 사격하고 있습니다. 이럴 때일수록 대비 태세를 잘 유지해야 합니다. 그렇다고 갑자기 근무 시간이 늘어나거나 작전 활동이 증가하는 것이 아닙니다. 행동화하여 조치해야 하는 것들을 실제 할 수 있게 준비하고, 정신적인 대비 태세를 강화하자는 의미입니다. 예를 들어 5분 전투 대기 부대나 정보 분석조는 지금 당장 출동하는 것은 아니지만 물품을 잘 정비하고, 시행 절차를 다시 한번 숙지해야 합니다. 제대별, 팀별 숙달될 수 있도록 훈련해 보는 것도 좋은 방법입니다.

마침 다음 주에 하는 호국 훈련이 우리가 알고 있는 여러 가지 전술·전기를 숙달할 수 있는 좋은 기회입니다. 훈련에 참여하는 부대원들에게 명확한 교육으로 대적관과 목적의식을 심어 주어 눈빛이 살아 있고, 행동이 민첩한 부대로 만들어 주기 바랍니다. 훈련에 참여하지 않지만, 해안 소초나 기지에서 근무하는 감시병들도 모니터를 감시하는 목적 자체를 다시 한번 생각하게 해 주고, 집중할 수 있는 여건도 확인해 주기 바랍니다.

여러분 모두를 사랑합니다.

여단장 편지 23(10월 넷째 주)

우리 공통의 관심사는 군

이번 한 주 고생 많았습니다. 지난 월요일부터 실시한 서해 합동 방어 훈련에서 진행된 대상륙 작전 및 중요 시설 방호 작전 등을 통해 우리 여단의 전투력이 향상될 수 있었습니다. 저도 오랜만에 밤샘으로 진행되는 훈련을 해 보니 쉽지 않았습니다. 피곤하지만 끝까지 훈련을 마친 부대원 모두 정말 고생 많았습니다. 이번 훈련은 부대 개편을 앞두고 전면전 대비 훈련을 할 수 있었던 좋은 기회였습니다. 훈련을 통해 식별된 미흡한 부분들은 시간이 걸리더라도 꼭 보완하여 우리 부대의 전투력 수준을 더욱 발전시킵시다.

오늘은 두 가지 사항에 대해 강조하겠습니다. 먼저 군(軍)에 관심을 가져 보자는 이야기를 하고 싶습니다. 여러분은 TV를 보거나 스마트폰을 볼 때 무엇부터 보십니까? 축구에 관심이 많은 사람이라면 유럽에서 활약하고 있는 손흥민 선수의 경기 내용과 최근 성적을 찾아볼 수도 있고, 경제에 관심이 있는 사람이라면 미국의 금리 추이나 부동산·주식에 관한 정보를 찾아보기도 할 것입니다. 아마 웹툰이나 드라마를 보는 사람도 있을 것입니다. 이처럼 대부분의 사람들은 자신이 관심 있는 것을 찾아보며 그것에 대한 지식을 확장시키고, 애정을 쌓습니다. 그러면 더욱 큰 관심이 생기고 어쩌면 축구 연습을 한다든지, 주식 투자를 한다든지, 소설을 쓰는 등의 구체적인 행동의 변화가 생기기도 합니다.

제가 생각하기에 여러분이 이러한 다양한 개인적인 관심사를 가지고 있다고 하더라도 군복을 입고 있는 군인이라면 공통으로 군(軍)에 관심을 가져야 합니다. 예를 들어 전쟁 영화를 보면서도 임무 수행의 방법, 전술의 운용 등을 생각할 수 있습니다. 자기 계발 서적을 읽으며 부하의 통솔, 상관과 인접 부대원들과의 관계 등에 어떻게 적용할지에 대해서 생각할 수 있습니다. 그런 관심과 생각은 실제 여러분의 군 생활에 적용할 수 있습니다.

물론 우리가 일상생활의 모든 것을 군(軍)과 연관 지어 생활할 수는 없지만 사고의 틀을 우리의 직분에 맞게 적용하고 관심을 두는 자세가 필요하다는 의미입니다. 항상 내 임무와 사명을 염두에 두고 내 정신의 일부에 군(軍)에 대한 관심을 유지하고 있어야, 언제 어디서든 즉각적으로 임무를 수행할 수 있는 상태를 유지하는 것이 가능합니다.

이와 관련해서 소개하고 싶은 글귀가 있습니다. 중국이 인민 해방군을 강하게 육성하면서 내세웠던 강령인데 우리도 항상 생각하고 실천할 만한 내용이라고 생각돼서 소개합니다.

소지즉래(召之則來, 부르면 바로 오고)
래지능전(來之能戰, 오면 능히 싸울 줄 알며)
전지필승(戰之必勝, 싸우면 반드시 이긴다)

두 번째는 강조 사항은 '마무리'입니다. 여단에서는 어제 다음 주 예정 사항과 향후 8주간 예정 사항을 검토했습니다. 그런데 8주간 예정 사항의 마지막 주차가 벌써 올해의 마지막인 52주차였습니다. 벌써 올 한 해도 끝나 간다는 느낌이 들었습니다. 여러분 모두 올해를 좀 더 보람 있고, 의미 있게 그리고 후회하지 않기 위해 남은 기간의 계획을 잘 세워 꼭 실천할 것을 당부합니다.

아마 여러분의 달력에는 개인적인 내용부터 부대별 일정이 빼곡하게 적혀 있을 것입니다. 저도 11월과 12월의 일정표를 보니 빈자리가 없을 만큼 많은 일정이 계획되어 있습니다. 이미 잘하는 사람도 있겠지만 개인 및 각 부대가 올 한 해를 제대로 마무리하기 위해서는 지금부터 마무리를 시작해야 합니다. 아마 지금부터라도 잘 계획하고 실천한다면 올 한 해의 목표도 달성할 수 있고, 보람과 성취감 역시 선물처럼 찾아올 것입니다.

호국 훈련도 끝났고, 11월로 접어드는 시기입니다. 지난주에 가을철을 이겨 내는 좋은 방법으로 운동을 추천했었는데 잘 실천하고 있는지 모르겠습니다. 저도 이번 주말에는 가족들과 함께 태안에서 개최되는 충청남도 어울림 마라톤 대회에 참가할 예정입니다. 모두 운동과 나들이 등을 통해 건강하게 가을을 보냅시다.

여러분 모두를 사랑합니다.

여단장 편지 24(11월 첫째 주)

반드시 지켜야 하는 안전

이번 주는 연이은 북한의 도발에 대비한 현장 점검으로 매우 바쁜 한 주였습니다. 아울러 부대 개편을 앞둔 사전 조치로 부대별 임무 수행 보고 및 창설 준비 등 많은 부대가 바쁘게 보냈습니다. 모두 고생 많았습니다.

오늘은 두 가지를 강조하겠습니다. 먼저 안전입니다. 안전에 대해서는 지난 스무 번째 편지에서도 강조했다시피 그 무엇보다도 우선하여 판단하고 조치되어야 하는 사항입니다. 심지어 전투가 벌어지고 있는 현장에서도 안전은 반드시 지켜져야 합니다. 안전에 대해서는 이미 법률이나 규정에서 해야 할 것들을 명시하고 있고, 저도 교육 훈련과 부대 관리 등 모든 부대 활동 간 안전에 대해 우선하여 검토하고 반영하도록 하고 있습니다.

그러나 무엇보다 중요한 것은 현장에 있는 개개인의 의식입니다. 여러분 스스로가 현장에서 판단하고 조치해야 합니다. 지금 상황이 위험한지 아닌지를 가장 잘 판단할 수 있는 사람은 현장에 있는 여러분입니다. 안전하지 않은 경계 및 작전, 교육 훈련은 하지 않아도 됩니다. 아니, 해서는 안 됩니다. 즉시 보고하고, 주변 사람에게 알리고, 자신도 그 현장에서 이탈해야 합니다. 조치가 이루어진 후에 보고를 해도 괜찮습니다. 무조건 안전이 우선입니다.

모든 부대원 스스로가 지금 상황이 위험한 것인지 아닌지를 알기 위해서 안전 의식의 고취가 중요합니다. 따라서 각 부대에서는 모든 부대 활동 간 위험 예지 훈련을 반복적으로 실시하여, 모든 부대원이 항상 위험성 여부를 스스로 판단할 수 있게 하기 바랍니다. 이것은 계급과 직책과 관계없이 모든 부대원이 모든 부대 활동 전에 반드시 해야 합니다.

제가 잠시만 생각해 봐도 비탈길을 다녀야 하는 해안선 수색 정찰, 사격을 포함한 교육 훈련, 풀베기 작업 등의 부대 관리, 풋살 등의 병영 내 체육 활동, 취사장에서의 조리 환경, 차량 운행 등 우리 주변에 위험이 없는 환경은 없습니다. 다시 한번 강조하지만, 안전에 대해서는 모든 사람이 생각하고 실천할 수 있도록 하기 바랍니다.

두 번째 강조 사항은 이미 여러 번 언급한 바 있지만 다시 한번 북한의 도발에 대한 인식과 대비 태세 확립입니다. 여러분도 알다시피 지난 수요일, 북한은 NLL 이남으로 탄도 미사일을 발사했습니다. 낙탄 지점이 비록 공해상이긴 했지만 분명 NLL 이남이었고, 이것은 분명한 우리나라에 대한 직접적인 위협입니다.

혹시나 우리 여단 부대원 중에 북한이 동해의 공해상으로 미사일을 발사한 것이 서해에서 복무하고 있는 나와 어떤 연관이 있는지 모르겠다는 사람이 있을까요? 우리가 군복을 입고 복무하는 기간에는 국가 안보에 위협이 되는 모든 것에 심각하게 생각하고 민첩하게 대비해야 합니다. 그것이 바로 우리가 해야 하는 일입니다.

이번 북한의 도발은 우리 군(軍)의 판단과 대응 태세를 시험해 보기 위한 북한의 전술입니다. 북한은 매번 판단이 모호한 상황을 조성하여 우리의 대응 태세를 시험해 보고, 우리나라 내부의 혼란과 군(軍)에 대한 불신을 조장해 왔던 것을 잊지 말아야 합니다. 아울러 북한은 성동격서(聲東擊西)의 전술을 잘 이용하고 있는 바, 우리가 지키고 있는 서해에서의 대비 태세도 잘 유지해야 합니다. 지금도 전군에 걸쳐 경계 태세 2급이 발령되어 있습니다. 상황의 심각성을 잊지 말고 정신적 대비 태세를 갖추고 부여된 임무를 성실히 수행합시다.

대비 태세를 갖춘다고 심신이 피로해지면 민첩하게 대응할 수 없습니다. 쉴 수 있을 때 푹 쉬어 전투력을 보존하는 것 역시 필요합니다. 아침저녁으로 영하에 가까워진 날씨지만 감기에 유의하면서 건강하고 즐거운 주말을 보내기 바랍니다.

여러분 모두를 사랑합니다.

여단장 편지 25(11월 둘째 주)

존재적 인간으로서 내 인생의 주인 되기

연이은 북한의 도발로 지금도 경계 태세 2급을 유지한 채 경계 현장에서 대비 태세를 갖추기 위해 노력하고 있는 여러분에게 격려의 말을 전합니다. 우리가 대비 태세를 유지하여 적의 침투 및 도발에 대비하는 것은 당연한 임무지만 작전 피로도를 무시한 채 무조건 대비만 할 수는 없습니다. 내일은 여단 전체가 호국 훈련 전투 휴무로 하루 쉴 기회가 있으니, 할 때는 팍 하고 쉴 때는 푹 쉬는 부대를 만들어 봅시다.

오늘은 두 가지를 강조하겠습니다. 첫 번째는 규정에 의한 총기·탄약 관리입니다. 최근 인접 부대에서 총기 분실, 지뢰 폭발, 수백여 발의 탄약 발견 등 총기와 탄약 관련 사건·사고가 끊이지 않고 발생하고 있습니다. 이런 내용을 들으면 여러분은 어떤 생각이 드나요? 우리 부대가 아니니 다행이라고 생각하며 TV에서 뉴스를 보듯 그냥 듣고 넘어가고 있는 건 아닌지 생각해 보아야 합니다. 다른 부대의 사건·사고를 그냥 듣고 넘기는 것은 간부의 자세가 아닙니다.

확신컨대 육군 전체적으로 볼 때 어떤 것이든 다 완벽하고 다 잘하는 부대, 또는 아주 안 좋고 뭐든지 못하는 부대는 없습니다. 모든 육군 부대는 부대마다 임무와 상황 등의 차이는 있지만 같은 규정을 적용받고, 대부분 비슷한 수준의 간부 보직률과 업무를 수행하고 있습니다. 다시 말해 우리 부대에서도 위와 같은 사건·사고가 발생하지 않는다는 보장은 없다는 것입니다. 우리 부대는 이상이 없겠지, 우리 부대는 잘하고 있겠지 생각하는 것은 과신입니다. 타산지석(他山之石)이라는 말이 있듯이 지금은 다른 부대의 사례를 통해 우리 자신을 스스로 되돌아보고 확인해 보아야 할 때입니다.

아울러 총기·탄약 관리는 여단이나 대대의 탄약 반장이나 병기관만 하는 것이 아닙니다. 그들은 총기·탄약 업무를 담당하는 실무자이기는 하지만 실제 부대의 총기와 탄약을 다루는 것은 모든 간부입니다. 보안 업무를 보안 실무자가 총괄적으로 수행하지만 모든 간부가 해야 하는 것과 마찬가지입니다.

간부들 모두가 규정에 대해서 좀 더 명확하게 알아보고 숙지해야 하며, 규정에 나와 있는 항목들을 하나하나 확인하고 점검해 보아야 합니다. 이번에 육군 본부 차원에서 총기 수량 파악을 포함한 관리 지시가 강화되었습니다. 이번 기회를 통해 해야 할 것들을 확인해 보고 직접 눈으로 보면서 하나씩 세어 보기 바랍니다.

두 번째는 간부들의 복무 자세입니다. 『소유냐 존재냐』(에리히 프롬 저, 차경아 역, 까치, 2020)라는 책을 읽어 보면 저자는 삶의 목적에 따라 인간을 소유적 인간과 존재적 인간으로 나누고 있습니다. 간략히 설명하면 소유적 인간은 자신이 가진 것에 의존하므로 자신의 밖에서 더 좋은 것, 더 많은 것을 얻기를 추구하며 행복을 얻는 삶의 태도이고, 존재적 인간은 무엇을 소유하려고 하지 않으면서 자신의 안에 있는 그대로를 기뻐하고 사랑하는 마음으로 최선을 다하며, 그 자체로 행복을 얻는 사람입니다.

저는 얼마 전 TV 오디션 프로그램에서 한 무명 가수의 인터뷰를 보았습니다. 그 사람은 자신이 유명한 가수가 되면 좋겠지만, 지금처럼 인기가 없어도 자신이 하고 싶은 노래를 부르는 것에서 행복을 느낀다고 합니다. 그를 보면서 존재적 인간의 모습이라는 생각을 했습니다.

지금 이 편지를 읽고 있는 간부들도 마찬가지입니다. 여러분 중에 장교나 부사관, 군무원으로 지원했을 때 봉급을 많이 받아 큰 부자가 되려고 지원했거나, 처음부터 높은 계급을 목표로 간부에 지원했던 사람은 없을 것입니다. 대부분 군(軍)이 좋고, 간부의 모습이 좋아서 지원했을 것입니다.

그런데 우리 주변에는 봉급이 적다고, 일이 힘들다고, 혹은 장기 복무나 진급 선발이 되지 않았다고 군(軍) 자체를 비하하거나, 군인인 자신을 스스로 부끄러워하는 사람을 종종 볼 수 있습니다. 그런 사람들은 현재 자신의 모습을 보며 외적인 부분에서 실패의 원인을 찾고, 또 스스로 이런저런 핑계를 대면서 업무를 게을리하기도 합니다.

여러분! 우리가 선택한 이 길을 소유적 인간으로서가 아니라 존재적 인간으로서 맞이하는 것은 정말 어려운 일일까요? 그리고 의미 없는 일일까요? 군인이 아닌 다른 직업이라도 무엇이든 남과 비교하면 불행해지는 법입니다. 스스로 보람을 느끼고 좀 더 숭고한 가치를 실현한다는 사명감으로, 존재적 인간으로 살아가는 것이 군인을 계속하든 하지 않든 간에 내 인생에 조금 더 의미 있는 일이 되지 않을까 하는 게 저의 생각입니다.

얼마 전에 장교, 부사관, 군무원의 진급 발표가 있었습니다. 물론 진급되지 않거나 장기 복무에 선발되지 않은 사람들의 실망감이 크다는 것을 저도 경험해 봐서 알고 있습니다. 그러나 그런 이유로 업무를 게을리하거나 대충해도 되는 것은 아닙니다. 우리가 처음 간부에 지원했을 때의 마음처럼 현재 여러분의 모습을 그대로 인정하고, 거기에서 만족과 행복감을 느끼면서 미래를 준비해 나가는 사람이 되었으면 좋겠습니다. 존재적 인간으로 사는 것은 우리의 선택으로 가능한 일입니다.

내일은 11월 11일로, 유엔 참전 용사 국제 추모식이 거행되는 날입니다. 6·25전쟁 당시 유엔군은 22개국에서 190여만 명이 참전했는데, 그중 3만 7천여 명이 전사하고, 10만여 명이 다쳤습니다. 전쟁 당시 그분들은 오직 자유 민주주의를 지켜 내기 위해 우리와 함께 싸웠던 고마운 분들입니다. 우리 여단은 전투 휴무로 별도의 행사를 하지 않지만, 머리와 가슴으로 그분들을 기억하고 감사하는 마음을 가져 봅시다.

여러분 모두를 사랑합니다.

여단장 편지 26(11월 셋째 주)

선진국에 걸맞은 선진 병영

이번 주도 여단의 모든 부대가 해안 경계 작전 태세를 유지한 가운데 부대 개편 준비, 교육 훈련 등으로 바쁘게 보낸 한 주였습니다. 오늘 저는 부대를 위해 헌신해 온 부사관 다섯 명의 전출 신고를 아쉬운 마음으로 주관하였습니다. 신고한 부사관들은 짧게는 2년, 길게는 10년을 우리 부대에서 복무했는데, 병사부터 지금의 계급에 이르기까지 많은 어려움을 자신의 능력과 노력으로 극복해 온 훌륭한 전우들이었습니다. 그들의 노력과 열정에 감사하면서, 앞으로 다른 부대에서도 자신의 능력을 최대한 발휘하여 목표를 이루면서, 항상 건강하고 행복하기를 기원합니다.

오늘 강조할 두 가지 사항 중 첫 번째는 군인의 책임감입니다. 여단 본부 현관에는 우리 여단의 선배 전우 중 적과의 교전에서 목숨을 잃은 분들의 명단이 비치되어 있습니다. 저는 매일 출근할 때마다 그 명단을 보면서 감사의 마음을 갖고 있습니다. 그분들은 무엇을 바라고 목숨을 바치셨을까요? 아마도 특별한 무언가를 바라는 것 없이 단지 자신의 임무를 수행하기 위한 책임감으로 위험한 전투 현장을 떠나지 않으셨을 것입니다.

이렇듯 우리 군인은 사랑하는 가족과 친구들이 있더라도 임무를 위해 기꺼이 자신의 목숨을 바쳐야 하는, 극한의 책임감을 가져야 하는 사람입니다. 그래서 군(軍)은 민간인들과 비슷한 업무를 수행하더라도 그 목적이 아주 명확하기에 마음가짐 역시 달라야 합니다.

군(軍)에서 지휘 통신망이 두절되었을 때, 통신 담당자가 한번 고쳐 보고 내일이나 혹은 다음 주에 고치려고 한다면 사설 인터넷 설치 기사나 다를 것이 없습니다. 부대 차량 담당자가 고장 난 차량을 내일, 아니면 모레, 아니면 시간이 가능할 때 고치려고 한다면 자동차 정비소 직원과 다를 바가 없습니다.

군(軍)에서는 고장 난 통신망을 고쳐 놓지 않으면 지휘 체계가 마비되는 것이고, 고장 난 차량을 고치지 않으면 5분 전투 대기 부대가 출동할 수 없게 됩니다. 이런 상황에서는 유사시에 전투를 수행할 수 없습니다. 지금 여러분이 하는 임무와 역할이 단순하고 중요하지 않게 보일지라도, 오늘 해야 할 것은 오늘 해야만 적의 위협에 대응하는 우리의 책임을 다하는 것입니다.

군인이라면 스스로가 군인 정신으로 맡은 바 임무를 수행하기 위해 온 힘을 기울여야 합니다. 그저 주어진 역할만 수행하고, 제한 사항이 발생해도 극복하려는 노력도 없이 누군가 해결해 주기만을 기다린다면 진정한 군인이라 할 수 없습니다. 해결하기 위해 노력하고, 능력을 벗어나면 즉시 해결해 줄 수 있는 사람에게 보고하여 조치를 받아 임무를 완수해야 합니다. 그것이 바로 책임감 있는 군인의 자세입니다.

두 번째는 선진 병영 구축입니다. 저는 지난 11월 5일에 태안에서 개최된 충청남도 어울림 마라톤 대회에 다녀왔습니다. 행사 제목에 '어울림'

이라는 수식어가 붙은 이유는 장애인과 비장애인이 함께 참가하는 대회였기 때문입니다. 전국의 장애인 마라토너들이 비장애인들과 함께 서로 도와주며 달리는 모습은 참 아름다웠습니다.

여러분은 우리나라가 이제 선진국 대열에 올라섰다는 말을 많이 들어 보았을 겁니다. 선진국은 후진국에 비해 장애인에 대해 지원 제도가 잘 갖춰져 있고, 장애인에 대한 인식이나 대우가 좋습니다. 사회적으로 약자를 보호할 줄 알고, 실제로도 실천하는 나라입니다. 나보다 어리거나, 돈이 없거나, 직업이 없거나, 아프거나 다친 사람들을 무시하지 않고 사회의 일원으로 감싸 주고 안아 주고 함께 가는 것이 바로 선진국의 모습입니다. 아직 완벽하다고 볼 수는 없지만, 경제적인 것뿐 아니라 사회적인 측면에서도 우리나라는 선진국이 추구하는 가치를 실현하기 위해 노력하고 있습니다.

우리 병영도 마찬가지입니다. 과거에는 군(軍) 생활을 잘하지 못하거나 시키는 것을 제대로 따라 하지 못하면, 구타, 폭언 및 욕설을 하기도 했습니다. 그러나 이제는 그러면 안 됩니다. 잘하지 못하거나 실수하는 사람도 우리의 한 구성원으로서, 함께 복무하는 전우로서 대해 줘야 합니다. 후진국과 비교해 선진국에서 제도적으로, 의식적으로 사회적 약자를 보호해 주는 것처럼, 나보다 계급이 낮고, 잘 적응하지 못하고, 아프고 어려움을 겪는 동료를 내치는 것이 아니라 품어 주고 도와주며 함께 가는 것이 바로 선진 병영입니다.

부대 운영에서도 선진 병영의 모습이 있습니다. 바로 편의보다는 안전을 더 중요시하는 것입니다. 일례로 미군들은 아무리 급한 업무가 있어도 공식적인 긴급 차량이 아니면 무조건 영내 차량 운행 규정을 준수하고 있습니다. 교육 훈련이나 부대 관리 등 모든 분야에서 안전이 확보된 가운데 이루어지는 모습도 역시 선진 병영의 모습입니다.

여러분은 선진 병영과 후진 병영 중 어떤 부대에서 복무하기를 희망합니까? 아마 이구동성으로 선진 병영이라고 말할 것입니다. 그러나 선진 병영이라는 것은 누군가가 대신 만들어 주는 것이 아닙니다. 우리 스스로 만들어 가는 것입니다. 제도적으로 필요한 부분은 제가 만들어 가겠습니다. 하지만 제도적인 것보다 더 중요한 것은 전체 구성원의 인식 변화입니다. 여러분 모두가 선진 병영을 만들기 위해 노력해 주기 바랍니다.

오늘 오전에도 북한은 ICBM급 미사일을 발사했습니다. 동해를 건너 일본까지 날아간 이례적인 도발이었습니다. 이번 주말 역시 몸은 쉬지만, 정신적으로는 대비 태세를 잘 유지하여 즉각 대응할 수 있는 체계를 갖추기 바랍니다.

여러분 모두를 사랑합니다.

여단장 편지 27(11월 넷째 주)

동사형 인간이 되자

어제 저는 K-6 사격을 참관했습니다. 지난 사격 간 미흡했던 부분을 보완하기 위해 그동안 부대별로 교육 훈련, 화기 정비 등을 꾸준히 실시해 왔는데 그 노력의 결과가 잘 나타났던 훈련이었습니다. 다만 훈련 과정에서 사격이 안 되는 원인을 한 가지 더 식별하였는데 이를 통해 우리 여단의 현재 작전 태세가 완벽한 것이 아니라는 것을 또 한 번 깨닫는 계기가 되었습니다. 앞으로도 훈련을 통해 대비 태세를 유지하고 또 다른 미흡한 점은 없는지 꼼꼼하게 점검해 봅시다.

오늘의 강조 사항 첫 번째는 상황 보고 및 전파의 중요성입니다. 여러분 모두 상황 보고가 중요하다는 말은 여러 번 들어 보았을 것입니다. 저역시 여러 번 강조한 부분입니다. 그런데도 잘되지 않는 이유가 무엇일까요? 제가 생각하기에는 아직도 어떤 상황에 닥쳤을 때 보고를 해야 할지 말아야 할지를 고민하기 때문이라고 생각됩니다.

보고 여부가 고민된다면 우선 보고하면 됩니다. 내용이 중요한 것인지 사소한 것인지는 보고받는 사람이 정하면 됩니다. 이 시간 이후 대대와 여단 지휘 통제실에 근무하는 사람들은 그 누구도 보고 내용에 대해 따지지 말고 접수하고 유지하기 바랍니다. 저도 야간 어느 시간대에 전화를 받아도 그 내용의 경중을 가지고 지적하지 않습니다. 그 누구라도 왜 이런 사소한 것을 보고하느냐는 태도로 업무를 하는 사람은 제가 직접 처벌하겠습니다.

두 번째는 동사형 인간이 되자는 것입니다. 누군가 제게 기억에 남는 책 몇 권을 꼽으라고 하면 빠지지 않는 책이 있는데 바로 『동사형 인간』(전옥표 저, 위즈덤하우스, 2008)이라는 책입니다. 내용은 제목 그대로 동사형 인간이 되어 자신의 꿈과 비전을 성취하라는 내용입니다. 저자는 꿈을 성취하는 방법으로 목표를 구체화하고 하나씩 작게 쪼개는 것부터 시작하라고 말합니다. 그러면 먼 미래의 큰 목표가 지금 당장 할 수 있는 작은 목표가 되고, 이것을 하나씩 실천해 간다면 큰 목표가 달성된다는 것입니다.

예를 들어 체중을 감량해야겠다고 생각했을 때 '체중을 감량하자'는 목표는 추상적입니다. 이것을 구체화하면 '10kg 감량'으로 바꿀 수 있습니다. 어느 한순간에 체중을 줄일 수는 없으니 목표 기한을 함께 정합니다. 예를 들면 '1년 동안 10kg 감량'으로 말입니다. 이것을 다시 쪼개면 6월까지는 5kg을 감량하고, 나머지 6개월 동안 5kg을 감량한다는 목표를 정할 수 있습니다. 더 잘게 쪼개면 매달 1kg을 감량하는데 혹시나 모를 나태함과 정체기를 고려해서 예비기간을 정해 6개월간 5kg을 확실히 감량한다는 목표를 세울 수 있습니다. 이제는 방법을 구체화해야 합니다. 식사량을 조절하거나 출퇴근 시간을 이용해서 걷기를 늘린다든지, 음주량을 줄인다든지 자신이 실천할 수 있는 여러 가지 방법을 구체적으로 찾아야 합니다.

독서를 잘하겠다는 생각도 마찬가지입니다. 막연하게 한 달에 한 권씩 책을 읽어야 한다는 생각으로 목표를 실천하는 것이 생각보다 쉽지 않습니다. 방법을 구체화하여 실천해야 합니다. 예를 들면 '토요일 아침에는 평일처럼 일어나 두 시간 동안 책을 읽는다', '잠들기 전 삼십 분씩 책을 꼭 읽는다' 등 본인이 실천할 수 있는 구체적인 방법을 찾아야 합니다.

이제 곧 12월입니다. 일 년의 마지막 달이지만 다음 주면 부대가 개편되어 우리는 모두가 새로운 마음으로 다시 시작하게 됩니다. 부대별 변화된 임무, 관계 기관의 인계인수 및 초동 조치 부대의 출동 범위 조정, 부대별 전화번호 및 주민 신고 접수 부대 변경 등 큰일부터 작은 일까지 해야 할 일이 정말 많을 것입니다.

차근차근 계획성 있게 업무에 적응하는 가운데 여러분 모두가 한 해 세웠던 목표들을 남은 한 달간 잘 실천해 보기 바랍니다. 또 새해를 준비하는 시기인 만큼 앞에 제시한 것처럼 각자의 목표를 구체적으로 수립하고, 실제로 할 수 있는 방법까지도 생각해 보면 좋겠습니다.

여러분 모두를 사랑합니다.

여단장 편지 28(12월 첫째 주)

합심과 노력으로 어려움 극복

이번 주는 영하의 날씨에 바람도 많이 불어 진짜 겨울이 왔다고 느낀 한 주였습니다. 모두 잘 대비하고 있겠지만 겨울을 맞아 신경 써야 할 것들이 많이 있으니 하나하나 확인하여 놓치지 말고 조치하는 노력이 필요하겠습니다.

오늘은 부대 개편의 의미를 설명하고, 개편 이후 안정적인 부대 관리에 대해 강조하겠습니다. 12월 1일 12:00부로 부대 개편이 이루어졌습니다. 이에 따라 어제는 제가, 오늘은 사단장님이 주관하여 여러 부대의 개편식과 창설식을 시행하였습니다. 그동안 개편을 위해 현장에서 노력해 준 부대원들 모두 고생 많았습니다.

부대 개편의 가장 큰 내용은 그동안 하나의 부대에서 해안 경계, 지역 방위, 예비군 훈련을 동시에 수행했던 것을 해안 경계 전담 부대, 지역 방위 부대, 예비군 훈련 전담 부대로 나누어 각자의 임무를 수행하는 것입니다. 이번 개편을 통해 여단은 전문적인 임무 수행을 통해 수준을 향상시켜 명실상부한 국가 안보를 책임지는 임무를 수행할 수 있게 되었습니다.

지난번에도 말했듯이 어제와 오늘의 창설 및 개편 행사가 부대 개편의 완료점이 아닙니다. 제가 볼 때 지금부터가 시작이라고 생각됩니다. 새로운 사람들과 새로운 임무를 가지고 새롭게 정립해 나가야 할 것들이 많이 있습니다. 아직 물자와 장비가 부족하고, 지낼 수 있는 시설도 부족합니다. 하지만 우리가 해야 하는 임무는 지금 당장 꼭 해내야만 합니다.

모두가 어려운 상황이라는 것을 잘 알고 있습니다. 여단에서는 부대 개편 추진 평가 회의를 주 1회 실시하면서 개편 이후의 안정화를 위해 예하 부대의 현상을 파악하고, 필요한 것들은 상급부대에 적극적으로 건의하여 확보하겠습니다. 지금은 다 끝났으니 쉬어야 할 때가 아니고, 너나 할 것 없이 합심과 노력이 필요한 때입니다.

두 번째로 부대 개편 이후의 안정적인 부대 관리를 강조합니다. 부대 개편을 통해 많은 것이 바뀌었지만 그중에서도 가장 많이 바뀐 것이 간부들이라고 생각합니다. 여단 전체 간부의 절반 이상이 교체되었습니다. 직책이 바뀌지 않았더라도 부대의 임무와 지휘 체계가 달라지기도 했습니다. 이에 따라 각 부대에서는 간부들의 역할을 재정립하여 새로운 역할에 적응하고, 주도적으로 임무를 수행하게끔 해야 합니다.

부대 개편 이후 안정적인 부대 관리를 위해서는 가장 먼저 기본과 원칙에 입각한 규정과 절차의 준수를 생활화해야 합니다. 새로운 직책에서 새로운 임무를 수행하다 보면 여러 가지 벽에 부딪힐 때가 있을 텐데, 단순히 과거의 경험만을 가지고 해결하려고 하면 경험의 여부와 질적인 차이에 따라 해결하지 못하거나 잘못된 방향으로 갈 수가 있습니다.

이럴 때일수록 기본과 원칙에 근거하여 생각하고 조치하면 더 빠르고 정확하게 일 처리를 할 수 있을 것입니다. 지금까지 부대 개편을 위해 많은 간부들이 노력해 온 것을 알고 있습니다. 그러나 다시 한번 강조합니다. 여기서 다시 힘을 내서 새로운 체계가 정착할 수 있도록 노력해야 합니다. 저도 현장에서 여러분의 목소리를 듣고 함께하기 위해 노력하겠습니다.

이번 주에 모든 부대의 업무 중점은 부대 개편 및 창설이었지만, 이제는 올해를 마무리하고 내년을 준비할 때입니다. 여러분 모두가 의미 있고 보람찬 새해를 맞이하기 바랍니다.

여러분 모두를 사랑합니다.

여단장 편지 29(12월 둘째 주)

제설은 '작전'

저는 이번 한 주 우리 여단에서 성실히 임무를 수행하는 부대원들의 모습에 많은 감동을 했습니다. 먼저 개편 및 창설된 부대를 방문하면서 차츰 정상화되어 가고 있는 모습을 보았고, 조명탄 사격에 대비하여 이 한 겨울에 땀을 흘리며 조포 훈련을 하는 부대원들도 보았습니다. 또한, 어제 야간에는 여단과 대대 간 ATICIS 전송이 불량한 것을 인지하고 통신중대장과 체계 담당관이 새벽 3시까지 이를 복구하기 위해 밤새워 작업하는 모습도 보았습니다. 직접 보지는 않았어도 불철주야 각자 맡은 자리에서 노력하는 여러분의 모습에 박수를 보냅니다.

두 가지 강조 사항이 있습니다. 첫 번째는 제설 작전입니다. 지난 화요일 새벽, 저는 소초 현장 지도를 위해 부대를 출발했습니다. 평상시였으면 한 시간 내외면 도착할 거리인데 그날은 두 시간이 넘게 걸려서야 겨우 도착했습니다. 당시 G 지역에는 대설 주의보가 발효될 정도로 갑작스레 많은 눈이 왔기 때문입니다. 소초에 도착하니 모든 부대원이 눈을 치우고 있기에 저도 넉가래를 들고 눈을 치웠고, 소초 진입로 제설 작전이 종료된 후에도 소초 내부에 대해서도 계속 제설하도록 지시하였습니다.

제가 제설에 대해 강조하는 이유는 눈이 쌓여 얼어 버리면 부대원들이 작전을 수행할 수 없을뿐더러 소초 내에서도 활동하는 것 자체가 너무 위험하기 때문입니다.

지난 여름에 보냈던 편지에서 우리가 부대 생활 간 '작전'이라는 용어를 사용할 만큼 중요한 부대 관리 업무에 배수 작전과 제설 작전이 있다고 이야기했던 것을 기억할지 모르겠습니다. 이 두 가지 사안에 대해서는 실제 작전에 준하는 수준으로 판단하고 조치해야 하며, 반드시 목표를 달성해야 하는 사안입니다.

예를 들어 소초 내외부가 더럽다거나, 화장실이 고장 나거나 심지어 취사도구가 고장이 나서 식사가 제한되더라도 계획된 작전은 반드시 진행되어야 합니다. 그러나 눈이 많이 와서 치워야 하는 소요가 생긴다면 작전을 뒤로 미루거나 때에 따라서는 작전을 취소하고서라도 눈을 먼저 치울 수 있는 것입니다. 눈이 오면 작전을 수행할 수 없기 때문입니다.

사무실에 앉아 있는 사람들도, 조리가 끝난 취사병도 눈이 오면 모두가 한마음, 한뜻으로 치워야 합니다. 그리고 눈이 온다면 야간이든, 주말이든 무조건 제설 작전을 실시해야 합니다. 물론 야간이나 주말에 눈을 치운 뒤 적절한 휴식을 보장해 주는 것은 당연합니다. 제설도 작전처럼 (눈이 오기 전에) 계획하고 준비하고, (눈이 오면) 즉각 시행하고, 목표를 달성할 때까지 해야 합니다.

두 번째로 겨울에 대비한 개인별 동계 전투 준비에 대해 강조합니다. 지난주부터 아침 기온이 영하 7도까지 내려가는 등 본격적인 겨울이라는 것을 여러분도 느끼고 있을 것입니다. 그리고 내년 부대 일정을 보니 1월 2주 차에 혹한기훈련이 예정되어 있습니다. 제가 생각하는 혹한기훈련은 혹한을 개개인의 몸으로 버텨 이겨 내는 것이 아니라, 적절한 방한 대책을 갖추어 혹한에도 제한 없이 작전을 수행할 수 있도록 훈련하는 것이 핵심입니다.

작전하는 동안 장갑, 목 토시, 손난로 등의 방한 대책 없이 출동한다는 것은 작전을 제대로 하지 않겠다는 것과 같습니다. 어떻게 인간의 몸으로 영하의 온도를 이겨 낼 수 있습니까? 통상적으로 해안선 수색 정찰이나 주·야간 기동 순찰이 두세 시간이면 끝난다고 생각하는 것도 아주 행정적인 생각입니다. 현장에서 미상 물체를 발견하여 조치한다면, 두세 시간 아니라 열 시간이 될 수도 있고, 며칠이 될 수 있기 때문입니다.

제가 살펴보니 10월부터 추진해 온 동계 전투 준비는 부대 차원에서는 어느 정도는 완료되었지만, 개개인별 겨울에 대한 동계 전투 준비는 좀 더 필요해 보입니다. 이러한 개인별 동계 전투 준비는 본인 스스로가 해야 합니다. 여단장인 저부터 어제 전입해 온 이등병까지도 개개인이 스스로 직접 해야 합니다. 부대에서 지급하는 방한 피복 외에도 기상을 고려하여 내의를 착용하거나, 장갑, 목 토시, 귀마개까지도 하나하나 본인이 챙길 수 있어야 합니다. 간부들이나 선임병들의 역할이 여기에서 나타나겠지요?

참고로 동상은 영하 2도 이하의 온도에서부터 발생한다고 합니다. 어떤 사람은 영하 2도 정도는 대수롭지 않게 생각하기도 하는데, "이 정도쯤이야" 하고 방심하는 일이 없도록 잘 준비하기 바랍니다.

기억할지 모르겠지만 취임 직후에 전 간부를 대상으로 마음의 편지를 받았습니다. 당시 많은 간부가 좋은 의견을 주었고, 부대를 지휘하는 데 좋은 참고 자료가 되었습니다. 그 이후에도 몇몇 마음의 편지를 보내 주는 고마운 간부들도 많았지만, 이번에는 전체 간부의 이야기를 들어 보려고 합니다. 언제나 그랬듯이 형식은 메모, 메일, 홈페이지의 여단장과의 대화, 스마트폰 등 어느 것이든 좋습니다. 개인이나 부대의 애로 및 건의 사항, 부대 발전을 위한 제언 등 작성하는 내용도 제한이 없습니다. 앞으로 10일 동안 여러분의 좋은 의견을 보내 주기 바랍니다.

여러분 모두를 사랑합니다.

여단장 편지 30(12월 셋째 주)

문제 해결의 답은 언제나 소통

지금 밖에 많은 눈이 내리고 있습니다. 보고를 받아 보니 여단 전 지역에 대설 주의보가 발효되었습니다. 현재까지 6cm 이상 눈이 왔는데, 앞으로도 더 많은 눈이 올 것으로 예상되는 한편 낮 최고 기온도 영하라고 합니다. 부대별로도 제설 작전이 한창일 텐데 눈이 오더라도 주둔지부터 안전한 환경을 만들고 편히 쉬는 주말이 되기 바랍니다. 이번 주에는 대설, 한파, 북극, 빙판, 블랙 아이스 등등 겨울이라는 것을 실감할 수 있는 단어들이 많이 들리고 있습니다. 부대별로 대비를 잘해서 문제없이 이 시기를 보냅시다.

오늘 강조하고 싶은 첫 번째 주제는 소통입니다. 먼저 지난주, 그리고 이번 주에도 많은 간부가 편지를 보내 주고 있는데 감사의 말을 전합니다. 특히나 부대 개편을 위해 현장에서의 준비 및 실시간 어려웠던 점을 가감 없이 설명해 준 김○○ 중사에게는 더욱 그렇습니다. 제가 회의를 하거나 현장을 방문할 때, 모두 잘하고 있고, 잘 되고 있다고 보고하는 경우가 많은데 그렇지 않은 부분을 알게 된 계기가 되었습니다. 고맙습니다.

저는 취임 이후에 여러 번의 기회를 통해 소통의 중요성에 대해 강조했습니다. 소통은 물이 위에서 아래로 흐르듯 자연스럽게 이루어지지 않습니다. 노력해야만 이루어질 수 있습니다. 그리고 양방향에서 서로가 노력해야 이루어집니다. 저와 여러분의 소통을 위해서는 저부터 많이 듣고 봐야겠지만 워낙 많은 인원이 있기에 현실적인 제한 사항이 있습니다.

  제가 여러분에게 매주 시간을 내서 편지를 보내는 것도 저의 생각과 부대의 운영에 대해 같이 소통하고 싶은 마음 때문입니다. 아직 편지를 보내지 않은 간부들은 어떤 내용이든 어떤 방법이든 상관없으니 여러분 자신의 현재 상황과 생각, 의견을 편하게 알려 주기 바랍니다. 소통은 서로 노력해야 이루어질 수 있습니다.

  두 번째 주제는 동계 작전 태세 유지입니다. '동계에는 적 침투에는 제한이 없으나, 우리 작전에는 제한이 많습니다' 지난번 여단 동계 전투 준비 결과를 토의할 때 정보과장이 보고한 핵심 문구입니다.

  겨울이 되면 우리 작전 해역의 수온이 낮아지고, 일부 지역은 결빙도 발생하여 해상에서의 적 침투가 제한되리라 생각되지만, 실제로 적이 가진 침투 수단으로는 기상의 제한을 받지 않습니다. 즉, 겨울에도 적이 침투하고자 한다면 얼마든지 가능한 일입니다.

  오히려 우리가 낮아진 기온으로 신체적 반응이 늦어지거나, 강설로 인해 가시거리가 짧아지고, 결빙된 도로로 인해 출동 시간이 지체되는 등 작전 제한 요소는 더 많습니다.

  이에 따라 각 부대에서는 동계에도 작전 태세를 유지하는 이유를 부대원들에게 구체적으로 설명하고 이해시켜 행동화하게끔 해 주기 바랍니다. 예를 들어 겨울철 기상의 변화를 기온, 수온, 조류의 흐름 등 요소별로 구체적으로 설명해 주고, 또 이러한 것들이 작전에는 어떤 영향을 미치는지, 어떻게 극복해야 하는지를 알려 주어야 합니다.

구체적으로 설명해 주고, 이해시켜 주라는 맥락에서 하나 더 강조하자면, 최근 상급부대에서 하달되는 작전 명령이나 지침을 보면 현 상황이 엄중한 상황이고, 긴장이 최고조라고 평가되어 있습니다. 부대원들에게 설명할 때 그저 '엄중한 상황'이라는 문구만을 전하는 것이 아니라 최근 북한의 미사일 도발이 주는 의미나 타 부대에서 발생한 민간인의 주둔지 침범 행위 등과 같은 사례도 정확히 설명하기 바랍니다.

각 부대는 이러한 교육을 통해 간부들부터 현상을 인식하고, 부대의 실상을 진단하고, 조치하도록 하기 바랍니다.

지난 금요일 저는 H 소초를 다녀왔습니다. 비록 상황실 확장 공사 등으로 어수선한 부분이 있지만, 소초장을 중심으로 작전을 성실하게 수행하고, 새로운 대대장의 지침에 따라 소초를 잘 관리하고 있다는 느낌을 받았습니다. 이번 방문으로 중대나 소초 자체적으로도 개편 이후 계획을 잘 추진하고 있음을 알게 되었으며, 제 염려 중의 많은 부분이 부대원들의 노력으로 자연스럽게 해결되고 있음을 확인했습니다.

이에 따라 앞으로 2주간 여단장을 비롯한 여단 본부의 간부들은 실태 확인 등의 목적을 가진 순찰을 하지 않을 것입니다. 안 그래도 개편 이후 해야 할 일을 계획에 따라 잘 추진하고 있는데, 안 되어 있는 부분을 지적하는 것은 지금 여단이 해야 할 역할이 아니라고 생각했기 때문입니다. 단, 이러한 조치는 현장의 간부들이 제 역할을 해 주리라는 믿음에서 실시하는 한시적인 조치이며, 각 부대는 임무 수행의 숙달과 안정적인 부대 관리를 위해 힘써 주기 바랍니다. 그리고 언제라도 자체적으로 해결되지 않는 문제가 있다면 즉시 보고해 주기 바랍니다.

여러분 모두 사랑합니다.

여단장 편지 31(12월 넷째 주)

부대도 사람도 성과 분석이 필요하다

이번 주 여러분이 보내 준 여러 편지를 보면서 많은 간부가 열악한 여건에서도 어려움을 참고 견디면서 맡은 바 임무를 묵묵히 잘 수행하고 있음을 알게 되었습니다. 여러분 덕분에 우리 여단이 있음을 다시금 알게 되었고, 여러 좋은 의견은 하나씩 업무에 반영하겠습니다.

얼마 전 우리 여단이 육군 본부의 부사관 활동 우수 부대로 선정되었습니다. 육본 부사관 활동 우수 부대는 전국의 대대급 이상 전 부대를 대상으로 올해의 부사관 활동을 전반적으로 진단하여 선정하는 것으로, 600여 개의 대상 부대 중에서 14개 부대가 선정되는, 정말 받기 힘든 상입니다. 우리 여단이 이러한 우수 부대로 선정되었다는 것은 여단의 주임 원사를 중심으로 여단 및 대대의 모든 부사관이 규정과 방침을 준수하고, 지침을 이행하면서 부하들을 사랑으로 이끌었기에 가능했던 것이라고 생각합니다. 다시 한번 우수 부대 선정을 축하하며, 이러한 기세를 몰아 내년에도 여단 부사관단의 큰 역할을 기대합니다.

오늘의 강조 사항 첫 번째는 개인별 성과 분석을 하라는 것입니다. 이번 주에는 여단, 사단에서 실시하였고, 다음 주에는 작전사에서 성과 분석 회의를 합니다. 성과 분석 회의는 부대별로 한 해를 돌아보면서 잘한 것은 무엇이고, 부족한 것은 무엇인지 알아보고, 미흡한 점은 원인 분석 및 대책을 수립하며, 내년을 계획하는 방향성을 찾고 큰 그림을 그릴 수 있도록 하는 회의입니다.

부대가 이렇게 하듯 개인의 발전을 위해서도 개인별 성과 분석은 꼭 필요합니다. 짧게는 하루 단위로, 한 달 또는 분기, 길게는 일 년 단위로 자신을 스스로 돌아보면서 잘한 일은 무엇이며, 잘못한 일은 무엇인가를 살핌으로써 잘한 것은 더 잘할 수 있게 하고, 못한 것은 반성하여 자신의 실수를 반복하지 않을 수 있습니다.

하지만 이를 살피지 않거나 게을리한다면 지금보다 더 나은 자신으로 살아갈 기회를 잃을 수도 있습니다. 성과 분석은 부대 차원에서만 하는 것이 아닙니다. 다음 한 주는 개개인별로 한 해를 돌이켜 보고 새해맞이 준비를 하는 시간을 꼭 갖길 바랍니다.

두 번째는 5관 3랴의 실천입니다. 아직도 5관 3랴이 무엇인지 모르는 간부가 있을까요? 올해 후반기 내내 상급부대에서도, 저도, 그리고 대대별로도 5관 3랴을 강조하는 이유는 아직도 우리 병영에서 완전하게 정착되지 않았기 때문입니다.

이번에 저에게 보내 준 마음의 편지에서 어려움을 느끼는 부대원들의 공통적인 이유 중 하나도 상급자나 선임, 동료 간의 폭언, 무시 등이었습니다. 우리는 전쟁에 대비하면서 유사시에는 서로에게 자신의 목숨을 의지해야 하는 관계임에도 불구하고, 평상시에 계급이 높다는 이유로, 먼저 업무를 했던 전임자라는 이유로, 간부라는 이유로 말을 함부로 하거나, 무시하고, 자신이 해야 할 일을 무책임하게 떠넘기는 경우가 아직도 많은 것을 알게 되었습니다.

　이런 상황은 그런 언행을 한 사람만의 잘못으로 끝나는 것이 아니라, 부대 전체의 명예를 실추시킬 수도 있고, 열심히 살고 싶은 한 사람의 앞길을 막을 수도 있습니다.

　왜 우리 스스로 서로를 힘들게 해야 합니까? 군(軍)에서는 여러분에게 후배나 부하들에게 아무 말이나 막 하고, 함부로 대할 수 있도록 어떠한 권한도 주지 않았습니다. 앞서 말한 것처럼 개인적 성과 분석의 일환으로 자신의 말과 행동을 잘 돌이켜 보는 시간도 가져 보기 바랍니다.

　지금 밖에는 눈이 내리고 있는데, 내일까지는 기온도 낮고, 눈도 계속 온다고 하니 부대별로 잘 대비해 주기 바랍니다. 아울러 이번 주말은 크리스마스입니다. 예수님의 탄생을 축하하며, 흰 눈을 배경으로 가족, 친구들과 함께 즐거운 시간을 보내기 바랍니다. 메리 크리스마스!!

　여러분 모두를 사랑합니다.

여단장 편지 32(12월 다섯째 주)

항상 적은 내 앞으로 온다

월요일에 사단 통제로 실시했던 임무 수행 능력 평가는 부대 개편 이후 여단 본부, 해안 경계부대, 소초, 지역 방위 대대까지 전 제대가 훈련을 할 수 있었던 좋은 기회였습니다. 여단의 전투 참모단과 대대에서 소초에 이르기까지 모두 잘해 주었습니다. 이번 훈련을 통해 파악한 미흡한 점은 우리 함께 하나씩 해결하여 더욱 완전성 있는 부대 개편을 이루어 봅시다.

여러분도 알다시피 훈련 당일 북한의 무인기가 우리의 영공을 침범한 매우 이례적인 도발 행위가 있었습니다. 2014년부터 시작된 북한의 무인기 영공 침범은 명백한 적의 도발 행위입니다. 또한 2018년에 체결한 9·19 남북군사합의를 정면으로 위반하는 행위입니다. 안타까운 것은 우리 군(軍)이 지금까지 적의 무인기 도발에 잘 대비해 왔는데, 이번의 실수로 많은 국민의 손가락질을 받고 있다는 것입니다.

여러분! 우리가 꼭 명심해야 할 것이 있습니다. 첫 번째는 지금 이 시각에도 북한은 우리의 대비 태세를 확인해 보기 위해 다양한 도발을 계획하고 있고, 이를 반드시 실행한다는 것이며, 두 번째는 모든 국민은 어떤 상황에서도 우리 군(軍)이 영토, 영공, 영해를 반드시 지켜 주리라 믿고 있다는 것입니다. 그렇기에 우리의 실수를 용납할 수 없는 것입니다. 적은 언제든 다른 방식으로 도발해 올 것입니다. 해안 및 주둔지 경계 작전이 매번 똑같다고만 생각하지 말고 항상 내 앞으로 적이 온다는 생각을 갖고 임무수행 해주기 바랍니다.

이번 편지에서는 여러분에게 별도의 강조 사항을 전달하지 않으려 합니다. 현장에서 살펴본 결과 대다수의 간부가 그동안 편지에 적어 보낸 강조 사항을 실천하기 위해 애쓰고 있었고, 일년을 마무리하면서 그동안의 강조 사항을 다시 한번 곱씹어 보는 것도 의미 있겠다는 생각이 들었기 때문입니다.

사실 강조 사항이라는 딱딱한 이름을 달고 있지만 그동안 보낸 강조 사항들은 제 스스로도 꼭 지키겠다는 의지이며, 여러분도 함께 했으면 좋겠다는 제 당부이자 마음이었습니다. 앞으로도 여러분과 함께 제가 느끼고 전하고 싶은 이야기를 나누려 노력하겠습니다.

여러분 모두가 새해를 맞이하면서 여러 가지 다짐을 했을 텐데, 저의 새해 다짐은 취임사의 실천입니다. 지난 5월 취임식에서 어떤 부대를 만들겠다는 취임사가 아니라 여단장이 실천하고자 하는 목표 세 가지를 이야기했습니다.

저부터 먼저 다가가서, 함께 보고 듣고 느끼는 부대 지휘를 실천하겠습니다.
소통하는 자세로 공감하고, 책임지는 자세로 매사에 솔선수범하겠습니다.
제가 있어 업무가 조금 더 수월해지고, 일상이 행복해질 수 있도록 최선을 다하겠습니다.

지난 7개월간 부족했던 여단장을 잘 따라 주고 함께해 주어 고맙습니다. 내년에도 저는 취임사에서 약속한 것처럼 먼저 나가가고, 소통하여 모두가 행복한 군(軍) 생활을 할 수 있도록 노력하겠습니다.

다음 주는 대부분의 부대에서 혹한기훈련을 준비하는 것으로 부대가 운영될 텐데, 대대별로 계획을 구체화하고, 한 명 한 명 빠짐없이 방한 대책도 확인해 주기 바랍니다. 이번 주 화요일에 직할 중대 야간 숙영에 동참해 보았는데, 물론 춥긴 했지만 개인형 텐트와 침낭, 핫패드로도 충분히 잘 만했습니다. 훈련은 준비한 만큼 성과가 나오게 됩니다. 잘 준비하여 성과 있는 훈련이 되도록 합시다.

여러분 모두를 사랑합니다.

Chapter 2. 새로운 시작

여단장 편지 33(1월 첫째 주)

훈련을 대하는 우리의 자세

새해 첫 주, 잘 지내고 있습니까? 저는 이번 한 주 동안 모든 대대를 한 번씩 방문했습니다. 부대에 방문할 때마다 대대별 혹한기훈련 준비와 다양한 업무에 매진하는 여러분들의 모습을 발견할 수 있었습니다. 이렇게 여러분들이 잘 준비한 만큼 다음 주의 혹한기훈련이 안전하고 성과 있는 훈련이 되리라 확신합니다.

오늘은 두 가지를 강조하겠습니다. 첫 번째는 모든 부대원이 훈련에 대해 구체적으로 알아야 합니다. 어제는 대대장들과 훈련 진행에 대해 토의하고, 오늘은 여단 과장들과 훈련 진행 및 안전 통제에 관한 이야기를 나누었습니다. 그러나 간부들이 많은 시간을 투자하여 훈련 준비를 한다 해도 모든 부대원이 훈련에 대해 잘 알지 못하면 성과 있는 훈련이 되지 못합니다. 따라서 훈련에 참여하는 모든 인원은 훈련이 진행되는 동안의 기상, 진행 일정, 훈련 장소나 내용 등을 구체적으로 알고 있어야 합니다. 그래야 각자가 언제 어디에서 무엇을 할지를 알 수 있고, 그에 맞는 준비도 할 수 있습니다.

또한 훈련은 항상 안전을 염두에 두고 진행되어야 하는데, 잘 알고 있어야 어느 상황에서 위험할 수 있다는 것도 예측하여 대비할 수 있고, 우발 상황이 발생해도 대처할 수 있습니다. 따라서 각 부대에서는 훈련에 대해 모든 부대원에게 잘 설명해 주기 바랍니다. 이렇게 하면 처음 혹한기훈련에 임하는 부대원의 불필요한 걱정을 없애는 부수적인 효과도 얻을 수 있습니다.

두 번째는 현행 작전 태세 유지입니다. 우리가 훈련하는 목적은 전·평시 작전 계획을 점검하고, 실제 행동으로 숙달해 보기 위함입니다. 여러분도 알고 있듯이 우리 여단의 작전 계획은 적의 침투 및 공격에 대비하여 잘 감시하고, 침투 또는 도발 시 계획된 지역으로 이동하여 병력을 배치하고, 장애물을 설치하며, 적과 접촉 시 즉각적인 대응으로 이들을 격멸하는 것입니다.

우리 여단은 지금 이 시각에도 적의 침투를 감시하고, 대비하기 위해 해안 경계 작전을 수행하고, 주둔지별 5분 전투 대기 부대도 운용하고 있습니다. 모든 부대는 훈련 기간에도 이러한 작전 태세를 유지해야 합니다. 훈련 중이라고 해서 감시가 소홀하거나, 대대 및 여단의 상황 관리가 약화되어서는 안 됩니다. 부대별로 소수의 인원들만 남아 있는 기간도 있는데, 그런 때에도 상황 관리가 되어야 하고 주둔지 경계도 완벽하게 이루어져야 합니다. 무엇을 하나 새롭게 한다고 그 전에 하던 것을 소홀히 해서는 안 됩니다.

새해 첫 주가 지나가고 있습니다. 여러분들 모두 개인적으로 올 한 해의 목표를 세웠을 텐데 한 주 동안 잘 실천해 나가고 있는지 짚어 보기 바랍니다. 계획이 없거나, 계획한 것을 실천하지 못했더라도 실망하지 말고 지금이라도 계획을 세워 보고, 실천하지 못했으면 다음 주부터 실천해도 됩니다. 아직 우리에게는 51주라는 긴 시간이 남아 있습니다.

여러분 모두를 사랑합니다.

여단장 편지 34(1월 둘째 주)

군인의 마음가짐 1, 책임감

먼저, 올해 첫 번째 훈련인 혹한기훈련 간 다들 고생 많았습니다. 다행히 많이 춥지는 않았지만 야외에서 적을 찾고, 장애물을 설치하며, 추운 날씨에 밖에서 전투 식량으로 식사하고, 텐트에서 자는 그 자체가 고생이었을 것입니다. 특히 야간 숙영 간에는 비가 많이 내려 여러모로 불편했을 텐데 훈련에 잘 참여해 주어 고맙습니다.

이번 훈련은 최초라는 타이틀이 많이 붙은 훈련이었습니다. 1개 중대를 완편시켜 훈련을 한 것도 처음이고, 완편된 중대가 부대 이동한 것도 처음이고, 장애물을 설치해 본 것도 처음이었습니다. 이 훈련의 결과 부대 이동 시간이 계획된 것보다 훨씬 더 많이 소요된다는 것을 알게 되었고, 실병력을 배치해 보니 투명도에 그려 놓은 것과는 달리, 진지 간에 공간지가 많이 발생하는 것도 알게 되었습니다. 동원되는 인원들에 대한 통신 대책이 필요하고, 개인별 상황판 보완이 필요하다는 것도 알게 되었습니다.

각 부대에서는 훈련이 끝난 이 시점에서 보완할 사항을 목록화하고 내용을 구체화하기 바랍니다. 다음 주만 되어도 지금의 기억에서 절반 이상 잊어버릴 수 있고, 다시 현안 업무를 하다 보면 후속 조치를 추진하기도 쉽지 않기 때문입니다. 잘한 것은 잘한 대로, 못했던 것은 부족한 그대로 정리해서 개선할 방안을 잘 정립하면 됩니다. 차근차근 추진하여 지금보다는 조금 더 발전하는 우리가 됩시다.

앞으로 몇 차례에 걸쳐 우리가 군인으로서 전투를 준비하고, 전쟁에 대비하는 마음가짐에 대해 강조하겠습니다. 그중 오늘 강조할 첫 번째는 책임감입니다. 책임이란 맡아서 행해야 할 의무나 임무를 의미하는데 여러분 중에 그 의미를 모르는 사람은 없을 것입니다.

만일 여러분이 화재를 목격하고 신고했는데 현장에 도착한 소방관들이 장비가 부족하다며 그냥 구경만 하고 있다면 어떨까요? 여러분이 범죄 현장을 목격하고 경찰에 신고했는데 경찰이 인력이 부족하다며 출동하지 않는다면 어떨까요? 아마 신고한 우리는 그들에게 책임감이 없다고 이야기할 것입니다. 우리도 마찬가지입니다. 위협이 있는데 제한 사항이 있다고 적의 위협으로부터 국민과 국토를 지키는 우리의 임무를 모른 체한다면 어떻겠습니까? 국민들도 우리에게 책임감이 없다고 말할 것입니다.

최근에 이슈가 된 북한 무인기를 예로 들어 보겠습니다. 얼마 전 북한 무인기가 MDL을 지나 우리의 영공을 침범한 이후, 우리 작전 지역 역시 적의 무인기 위협범위에 포함될 수 있다는 분석 결과가 나왔습니다. 하지만 우리는 이를 감시하거나 통제할 수단이 없습니다. 그렇다면 무인기를 탐지할 능력이 되지 않고, 탐지를 하더라도 이를 격추할 무기가 없으니 우리는 가만히 손을 놓고 지켜봐야만 할까요? 아니면 무엇이라도 하기 위해 수단과 방법을 찾아보려고 노력해야 할까요? 제한 사항이 있을 때 상급부대에 건의하는 것은 당연하지만, 상급부대의 조치만을 기다린

채 손을 놓고 있다면 국민 그 누구도 우리를 이해해 주지 않을 것입니다.

또 다른 예를 하나 들어 보겠습니다. 지난해 12월 이후 우리 여단에는 많은 부대가 개편 및 창설되었습니다. 여러분도 알다시피 개편 과정에서 인원, 시설, 장비, 예산, 운영 지침 등이 완벽하지 않은 상태에서 이루어졌습니다. 사람만 있고 아무것도 없을 때, 아무것도 하지 않은 채로 부대를 이렇게 만들도록 밀어붙인 상급부대 탓만 하고 불평만 하면서 기다리면 될까요? 이에 대한 대답을 대신할 좋은 사례가 우리 부대에 있습니다.

예비군 훈련대는 지난해 7월 1일, 비어 있던 막사에 군무원 네 명과 책상 네 개, 컴퓨터 한 대, 프린터기 한 대가 전부인 채로 시작을 했습니다. 이들은 창설 이후에 앞으로 그들이 사용하게 될 예비군 훈련대 시설 공사 현장을 찾아가 민간 업자들에게 여러 가지 요구 사항을 제시하고, 인접 예비군 훈련대를 찾아다니며 자료를 획득해 우리 여단의 실정에 맞는 체계를 구축해 왔습니다. 지금은 훈련대장과 조교들이 보직되어 조금씩 기틀이 마련되어 가고 있지만, 이들이 책임감 없는 태도로 두 손을 놓고 기다리기만 했다면 지금의 훈련대는 껍데기에 불과했을 것입니다.

물론 간부들의 책임감이 중요하다고는 하지만 이렇게 부족한 여건에서 근무하는 여러분을 보면 저도 정말 미안하고 고마운 마음이 듭니다. 저도 현실을 개선하기 위해 상급부대 및 관계 기관에 아쉬운 소리를 하면서 하나라도 더 우리에게 도움이 될 수 있도록 노력하고 현장을 찾아가서 당장 도움을 줄 수 있는 부분이 있다면 바로 조치를 취하고는 있습니다. 그러나 이것만으로 여단장의 책임을 다했다고 할 수는 없습니다. 책임을 다했다는 평가는 스스로 하는 것이 아니고, 주변 사람, 특히 부하들이 하는 것입니다. 그리고 국민들이 하는 것입니다. 여러분 모두가 책임을 다하기 위해서 각자 자신의 임무에 대해 심사숙고하고, 현재의 조건에서 더 나은 방향이 무엇인지를 생각해 보기 바랍니다.

  이번 주말은 푹 쉬기 바랍니다. 잘 쉬어야 뭐든 잘할 수 있습니다. 부대별로 차분하고 안정적인 분위기를 유지하고 쉴 수 있도록 관심을 두고 살펴보기 바랍니다.

  여러분 모두를 사랑합니다.

여단장 편지 35(1월 셋째 주)

군인의 마음가짐 2, 절박감

이번 한 주 여단의 모든 부대가 혹한기훈련 행군까지 완료하였습니다. 그렇다고 혹한기훈련이 완전히 끝난 것은 아닙니다. 저는 훈련의 끝은 후속 조치가 마무리되는 상태라고 생각합니다. 여기서 이야기하는 후속 조치는 훈련 후 물자와 장비의 정비가 완전히 끝나고, 훈련 간 도출된 보완 과제를 완료하는 것입니다. 그렇다고 급한 것은 없습니다. 해야 할 것들을 부대 운영 계획에 포함하여 하나씩 차근차근히 해 나간다면 무리 없이 잘 마무리할 수 있을 거라 봅니다.

지난주에 이어 우리 군인의 마음가짐에 대해 강조하겠습니다. 오늘은 두 번째로 절박감입니다. 책임감을 통해 내가 무엇을 해야 할지를 알았다면, 이제는 그 책임을 다하기 위한 마음가짐입니다. 과거 우리 군(軍) 선배들은 완벽한 조건으로 싸우지 못했습니다. 6·25전쟁 시에는 적의 전차를 막기 위해 105mm 포를 쏘기도 하고, 지뢰와 수류탄을 몸에 지니고 전차 아래로 뛰어들어 목숨을 걸고 막아 내기도 했습니다. 더 과거로 가보면 독립군들은 소총 몇 정만 가지고 일본 정규군과 싸웠고, 임진왜란 당시 의병들은 변변치 않은 농기구를 들고 왜적들과 싸웠습니다. 우리는 여기서 현실적인 한계 앞에서 멈추고 주저앉는 것이 아니라 이것을 극복하기 위해 노력하려는 그분들의 마음가짐을 엿볼 수 있습니다.

지난번 무인기 도발 시 모 언론사에서는 '북한의 치열함 vs 한국군의 나태함'이라고 평가했습니다. 북한군은 지금도 우리의 허점을 파악하기 위해, 우리 대비 태세의 미흡한 부분을 찾기 위해 치열하게 노력하고 있습니다. 무인기는 탐지도 어렵고 격추도 어려운 것이 사실입니다. 이것이 우리의 한계입니다.

그렇다고 이 현실을 그대로 두어서는 안 됩니다. 우리가 하는 후방 지역 작전은 통합방위를 근간으로 하고 있기에 대공 방어에 있어 우리의 능력이 부족하면 우리 주변에 그런 능력이 있는 기관, 개인이나 단체를 찾아 함께 하도록 설득하고 참여시켜야 합니다. 우리 자신의 능력을 키우기 위한 노력도 당연히 해야 하지만 우리를 도와줄 수 있는 기관이나 사람들과 함께 싸우는 것도 해결 방법입니다. 한계를 극복하고자 하는 마음가짐만 있다면 방법은 얼마든지 생각해 볼 수 있습니다. 이제는 우리가 해야 할 때입니다.

내일부터 설 명절이 시작됩니다. 이번 설 명절 기간 부대 운영에 대한 저의 지침은 '계획한 대로'입니다. 이미 부대별로 연휴 간 무엇을 할지, 당직 근무는 어떻게 할지, 식사는 어떻게 할지 등에 대한 계획이 담긴 보고서가 작성되어 있습니다. 이런 부대별 계획은 지휘관에게 보고하기 위한 문서가 아니라 실제 내용이 하나하나 아주 구체적으로 시행되어야 하고, 시행되는 과정도 기계적이 아니라 부대원들이 명절이라는 것을 느낄 수 있도록 사람 중심으로 시행되어야 합니다. 계획대로 진행되는 나흘간의 명절 연휴를 통해 혹한기훈련의 피로를 해소하고, 앞으로의 계획도 구상하면서 가족 및 친구들과 즐겁게 지내기 바랍니다.

여러분 모두를 사랑합니다.

여단장 편지 36(1월 넷째 주)

군인의 마음가짐 3, 희생정신

명절 잘 보냈습니까? 이 편지를 읽는 간부들 대부분은 관사 또는 숙소에 대기하거나 부대에 출근하면서 시간을 보냈을 것입니다. 민간인들이 연휴를 즐겁게 쉬면서 보내는 것과는 달리 우리는 그렇게 하지 못하는 것에 아쉬운 마음이 드는 것도 사실이지만 여러분들 덕에 영내에서 생활하는 부대원들이 외롭지 않았을 것이고, 우리 여단이 365일 임무 수행이 가능한 것이며, 나아가 우리 군(軍)이 유지되고 있는 것입니다. 여러분을 보지 못한 가족들 또한 명절 기간조차 집에 오지 못하고 대기하는 모습이 안타까우면서도, 국가와 국민을 위해 봉사하는 여러분이 믿음직하고 대견했을 것입니다.

오늘 두 가지를 강조합니다. 먼저 우리 군인이 전투를 준비하고, 전쟁에 대비하는 마음가짐 세 번째로 희생정신을 이야기하고자 합니다. 희생정신은 다른 사람이나 어떤 목적을 위하여 자신의 목숨, 재산, 명예, 이익 따위를 바치거나 버리는 정신입니다. 참으로 실천하기 어려운 말입니다. 책임감과 절박감으로 준비를 했다면 실제 전장에서는 희생정신이 있어야 합니다.

여러분 중에 우리 부대는 모든 것이 부족한데 상급부대로부터 주어지는 과업은 100%라고 느끼는 사람들이 있을까요? 안타깝지만 제 생각에도 그것은 사실입니다. 우리 여단에서 인원, 장비, 물자, 시설 등 대부분 분야에서 100% 갖춰진 부대는 없습니다. 앞으로도 100% 갖추어지리라 기대하기도 어렵습니다. 그렇다면 어떻게 해야 할까요? 부족한 만큼 조금 더 노력하고 인내해야 합니다. 저는 그것이 평상시 업무 간에 우리가 발휘할 수 있는 희생정신이라고 생각합니다.

휴일에도 항상 작전 지역에 머물러야 하고, 대기 인원을 충족하기 위해 명절에 집에도 못 가는 처지가 싫다고 느껴진다면 이 생활이 즐겁지 않을 것입니다. 누군가는 반드시 대기해야 하는 상황에서 다른 동료들보다 먼저 하겠다고 나서는 것도 역시 희생정신입니다. 그렇다고 여단장이 여러분에게 모든 걸 포기하고 부대 업무만 하라는 말은 아닙니다. 무언가가 부족하거나 어려운 점이 있다면 언제든 어떤 방법으로든 보고하여 조치를 받고, 장기적으로는 불합리한 희생을 하지 않도록 바꾸어야 합니다. 다만 이러한 희생정신이 있어야 평상시 임무 수행이 가능하고, 부대원들과의 관계를 돈독히 잘 유지할 수 있다는 의미에서 강조하는 것입니다.

여러분은 여단장이 어떤 여단장이길 바랍니까? 자신과 가족만을 위해 사는 여단장을 바라나요? 아니면 여러분들을 위해 희생하는 여단장을 바라나요? 여러분은 마음속으로 이미 대답을 했을 것입니다. 그리고 저도 여러분이 어떤 대답을 했을지 알고 있습니다. 그렇다면 국민들은 과연 우리 군(軍)에 어떤 모습을 기대하고 있을까요? 한번 생각해 보는 시간을 가져 봅시다.

이어서 두 번째 강조 사항은 현행 작전 태세 확립입니다. 우리는 해안으로 침투하는 적을 감시하고, 적의 침투가 있을 때 이를 조기에 차단하고 격멸하기 위해 해안 경계 작전을 수행하고 있습니다. 그리고 부대별로는 주둔지 경계 작전을 실시하고 있습니다. 이 경계 작전은 지금까지 수십여 년 동안 실시해 왔고, 지금도 지속적으로 미흡한 부분을 보완하고 태세를 갖추기 위해 부단히 노력하고 있습니다.

경계 작전 분야는 우리 군(軍)이 어떠한 상황에서도 물러나거나 양보할 수 없는 핵심 과업이기도 합니다. 그런데 최근 인접 부대에서 주둔지에 민간인이 울타리 하단부를 통해 여러 차례 들락거렸음에도 인지하지 못했던 일이 있었고, 드론이 부대 상공을 돌아다녀도 상황 보고조차 못 한 경우가 있었습니다. 지금 우리 부대에 아무 일이 없다고 해서 우리의 경계 작전 시스템은 완벽하고, 허점도 없이 이루어지고 있을 거라고 생각한다면 그것은 매너리즘입니다.

작전 태세는 항상 새로운 마음가짐으로 새로운 시각으로 보아야 합니다. 신병을 포함한 새로 보직된 사람에게는 작전 수행 방법이나 자세 등을 매번 교육해야 하고 확인도 해야 합니다. 주둔지 울타리를 여러 번 가 보았겠지만, 또 가 봐야 합니다. 울타리를 안에서 둘러보았다면, 다음에는 밖에서 둘러봐야 합니다. 감시 장비가 제대로 작동하는지도 매번 살펴야 하고, 모니터를 주시하는 근무자들의 근무 자세도 매번 살펴봐야 합니다. 그렇게 해야만 우리 군(軍)의 임무를 다할 수 있습니다. 부대별로 지금까지 잘해 왔다고 해서 앞으로도 완벽할 거라고 할 수도 없습니다. 새로운 마음과 시각으로 우리 여단의 해안 및 주둔지 경계 작전 태세를 확립해 갑시다.

다음 주면 벌써 2월이 됩니다. 여러분 모두가 새로운 2월을 맞이할 수 있도록 잘 쉬면서 지난 1월을 돌이켜 보고 새로운 계획도 세워 보기 바랍니다.

여러분 모두를 사랑합니다.

여단장 편지 37(2월 첫째 주)

군인의 마음가짐 4, 사랑

　여단장은 매년 2월이 되면 '벌써'라는 느낌을 많이 받습니다. 시간이 왜 이렇게 빠르게 지나가는지 벌써 1월 한 달이 지나갔습니다. 그렇다고 우리가 지난 1월을 허비한 것은 아닙니다. 1주 차에는 혹한기훈련 준비를, 2주 차는 혹한기훈련을, 3주 차는 행군 및 정비를 했고, 4주 차는 설 연휴와 집중 정신 교육을 했습니다. 그만큼 정신없이 바쁘게 지낸 것 같습니다. 모두 1월 한 달 고생 많았습니다.

　오늘은 두 가지를 강조하겠습니다. 먼저 우리 간부들이 가져야 할 마음가짐 그 네 번째, 사랑입니다. 사랑하는 사람을 위해서라면 아무런 대가 없이 모든 걸 주고도 기쁘고, 상대가 힘이 들 때는 무엇이든 도와주려 노력하듯이 우리는 부대와 부하, 동료를 그러한 마음가짐으로 살피고 보살펴야 합니다. 갑자기 웬 사랑 타령인가 하는 사람도 있겠지만 사랑하는 마음으로 행하면 그들도 행복하고, 나 역시 행복할 수 있습니다.

　물론 사랑한다는 일은 굉장히 어려운 일입니다. 부대의 업무가 나를 힘들게 하고, 내 부하와 동료가 내 마음을 상하게 하는 일도 많습니다. 하지만 우리 마음속 깊은 곳에 사랑이 있다면 최소한 서로가 맞춰 보고 이해해 보려는 노력이라도 해 볼 수 있을 것입니다.

　평상시부터 훈련, 근무, 환경 정리 등에서 서로가 삐걱댄다면 무슨 일이든 제대로 되지 않을 것이고, 그런 상태라면 전쟁을 준비하는 군(軍) 본연의 임무조차 수행할 수 없습니다. 준비 없는 전쟁은 질 수밖에 없습니다. 전투와 전쟁에서 질 수밖에 없다면 우리 군(軍)의 존재 목적도 무의미하게 됩니다. 조금씩이나마 사랑하려는 마음을 가져 봅시다.

　두 번째 강조 사항은 부대는 살아 있는 생명체이며, 간부들의 관심을 먹고 산다는 것입니다. 예전에도 부대는 살아 있는 생명체라고 한 적이 있습니다. 이것을 다시 강조하고자 합니다. 살아 있는 생명체라는 것은 여러 의미를 담고 있는데, 생명체처럼 항상 관심을 두고 돌봐 주고 변화되는 요소를 찾아야 한다는 의미입니다.

　부대 구성원들을 살펴보면 매주 또는 격주마다 신병이 전입을 오고, 전역자도 있습니다. 간부들도 전입·전출을 하고, 직책이 바뀌기도 합니다. 같은 직책이라도 근무 연차가 쌓이고, 계급도 바뀌고, 이에 따라 경험과 마음가짐도 달라집니다. 이 글을 읽고 있는 여러분도 지난해와는 달라져 있습니다. 나이가 한 살 늘었고, 새롭게 보직을 시작한 사람, 장기 복무나 진급을 앞둔 사람, 전역이 가까워져 새로운 삶에 대한 관심이 많은 사람 등등 각자의 처지와 상황에 따라 부대에서 업무에 임하는 태도나 마음가짐도 각양각색일 것입니다.

　부대의 시설과 장비, 물자 또한 변하고 있습니다. 부대에서 운영되는 차량과 장비들은 사용 연수가 늘어 가면서 정비 소요도 같이 증가하고 있습니다. 멀쩡했던 건물의 벽체가 떨어지거나 물이 새기도 하고 물이 나오지 않기도 합니다. 때로는 새로운 장비가 보급되기도 하고, 이제는 고장이 나도 수리 부속이 제때 보급되기 어려운 구형 장비도 여전히 상황실에 가득합니다.

우리가 모르는 사이 계절은 계속 변하고, 계절마다 우리가 대비해야 할 것도 모두 다릅니다. 같은 계절도 작년과 올해가 다르고, 내년에는 또 다를 것입니다. 또한 우리가 대응해야 하는 외부적인 요소들도 달라진 게 분명히 있을 것입니다. 그동안 우리 부대를 뚫어져라 관찰했던 간첩이 이제는 침투를 실행에 옮길 수도 있습니다. 지난번 무인기 영공 침범 이후 새로운 도발 수단을 찾기 위해 끊임없이 연구하고 있는 북한군이 이제는 해안 침투를 계획하고 있을 수도 있습니다.

부대를 구성하는 내외의 요소들이 한시도 가만있지 않고 변화하고 있다는 것을 느낄 수 있나요? 살아 있는 생명체와도 같은 부대를 늘 똑같고, 변하지 않는다고 생각하지 말고 좀 더 관찰하고, 변화를 발견하고, 느껴야 합니다. 그리고 이왕이면 변화를 좀 더 빠르게 예측하고 능동적으로 대비해야 합니다. 그렇지 않으면, 소 잃고 외양간 고치기라는 속담처럼 후속 조치에만 모든 노력을 쏟아부을 수 있습니다.

대부분 1월을 야심차게 시작하지만, 막상 2월이 되면 스치듯이 1월을 보냈다고 자책하는 경우가 많습니다. 하지만 여러분의 1월을 돌이켜 보면 한 달 동안 많은 일을 해 왔다는 걸 알 수 있을 것입니다. 그리고 올해가 아직 많이 남아 있습니다. 2월부터라도 개인적으로 목표했던 바를 다시 이루기 위해 노력하면 됩니다. 모두 즐겁고 편안한 주말이 되길 바랍니다.

여러분 모두를 사랑합니다.

여단장 편지 38(2월 둘째 주)

군인의 마음가짐 5, 공부

지난주에는 사단 통제로 개편된 해안 대대 임무 수행 평가와 맞물려 여단 전체가 해안 경계 작전 FTX를 실시하였습니다. 상황에 몰입하여 일사불란하게 움직이면서 대응해 준 전 부대원에게 격려의 박수를 보냅니다.

이번 주에 강조할 간부들의 마음가짐은 다섯 번째인 '공부'입니다. 공부라는 표현은 왠지 학생들에게나 어울리는 단어라고 생각될 수도 있습니다. 저 역시도 대학을 졸업하면서 이제는 공부가 끝이겠거니 생각했으니까요. 그렇지만 우리 간부들은 항상 공부해야 합니다. 학생 시절이야 점수를 올리기 위해 공부했지만, 지금은 간부로서 해야 할 역할을 잘 수행하기 위해 공부를 해야 합니다.

공부하지 않으면 간부의 임무에 충실할 수가 없습니다. 공부를 해야 간부들이 갖추어야 할 여러 덕목(군사적 지식, 교리, 간접적인 경험, 인성 함양 등)을 보다 넓고 깊게 갖출 수 있게 됩니다. 물론 신분별로 의무적으로 수료해야 할 보수 교육 과정[6]이 있습니다. 그러나 짧게는 2년, 길게는

---

6) 장교는 지휘 참모 과정(소위, 대위, 소령), 부사관은 리더 과정(초급, 중급, 고급, 최고급), 군무원은 직무 보수 과정, 중견 리더 과정 등이 있습니다.

30년이 넘게 복무하는 동안 서너 번의 의무 교육 과정을 수료했다고 해서 우리가 해야 할 공부를 다 했다고 할 수는 없습니다.

학교 기관에서 배운 것은 공통적인 내용을 다루고 있기에 우리와 맞지 않을 수도 있습니다. 혹시나 지금 우리 부대에 꼭 맞는 최신의 군사 지식을 배웠다고 하더라도 시간이 지나면 금세 옛것이 되고, 어쩌면 틀린 것이 될 수도 있습니다. 내가 알고 있는 것이 최고라는 생각은 버려야 합니다.

공부를 한다는 것은 새로운 것을 받아들이는 것입니다. 새로운 것에 대한 호기심을 갖고, 지금의 나를 변화시킬 수 있도록 스스로 노력하는 것, 이것이 바로 공부하는 사람의 자세입니다. 우리는 모르지만 나를 포함한 우리 주변은 모든 것이 변하고 있습니다. 그 변화에 끌려가지 않고, 능동적으로 내가 원하는 방향으로 끌고 가려면 스스로 공부해야 합니다. 그리고 놀랍게도 여러분들이 공부하는지 하지 않는지는 여러분의 부하가 가장 잘 알고 있습니다.

우리가 해야 할 공부는 범위나 방법이 정해져 있지 않습니다. 새로 나온 교범이나 지침 등을 읽어 보고 우리 부대에 무엇을 적용할 수 있을지를 생각해 보는 것도 공부이고, 부대 개편으로 수정된 작전 계획을 읽어 보는 것도 공부입니다. 부대에 새로 보급된 장비를 만져 보고 숙달하기 위해 연습하는 것도 공부이며, 새로 지어진 건물의 구조를 자세히 파악하는 것도 공부입니다. 컴퓨터로 한글이나 엑셀을 연습하는 것도, 소설책을 포함한 최근 인기 도서를 읽어 보는 것도, 부하들을 이해하기 위해 유튜브나 TV 프로그램을 진지하게 시청하는 것도 공부입니다. 여러분 스스로 자신을 돌이켜 보고 부족한 것이 무엇인지 생각해 보기 바랍니다.

두 번째 강조 사항은 해빙기 부대 안전 관리입니다. 해빙기는 말 그대로 얼음이 녹는 시기입니다. 아직 야간에는 영하의 기온으로 내려가는데 무슨 해빙기냐고 묻는 사람도 있을 것입니다. 맞습니다. 아직은 춥습니다. 2월 말까지는 기온이 영하로 내려가기도 하고, 3월에는 꽃샘추위도 있습니다. 그러나 지난 1월보다는 기온이 많이 올라갔습니다. 낮 시간도 조금씩 길어지고 있습니다. 우리가 예전부터 해빙기 안전에 관심을 두고 대비해 왔던 것은 분명히 그 이유가 있습니다.

1월보다는 기온이 올라가면서 외부 활동이 많아지는데, 활동이 많아진다는 것은 그만큼 많은 문제가 발생할 수도 있다는 뜻입니다. 얼었던 땅이 녹으면서 지하의 배관이 뒤틀리거나 터져서 상하수도가 깨질 수도 있고, 지반 자체가 흔들릴 수도 있습니다. 시설이나 장비도 다시금 확인해야 하고, 겨우내 눈에 가려서 보이지 않던 주둔지 곳곳의 정비 소요를 발견할 수도 있습니다.

통상 해빙기 안전은 2월 말부터 3월 중순에 강조되는데 이 편지를 받는 간부들은 그에 따른 준비를 지금부터 해야 합니다. 주변을 잘 둘러보고 해빙기에 예상되는 문제점들을 예측해야 합니다. 필요하면 부대원들에게도 알리고, 예방 조치도 해야 합니다. 그래야 실제 해빙기가 도래했을 때 우리 모두가 안전하게 지낼 수 있게 됩니다.

내일은 전투 휴무일입니다. 연초부터 훈련으로 바쁘게 지냈는데 이번 주에는 사흘 연속으로 푹 쉬어 봅시다. 잘 쉬어야 더 잘할 수 있습니다. '할 때 팍, 쉴 때 푹' 저는 이 말을 가장 좋아합니다.

여러분 모두를 사랑합니다.

여단장 편지 39(2월 셋째 주)

군인의 마음가짐 6, 윤리

저는 이번 주에 결전태세 확립을 위해 상급부대, 예하 부대와의 회의를 일곱 번이나 실시하였고, 예비군 훈련대와 소초, 우리 지역에 있는 해양경찰서를 방문하고, 국가중요시설 두 군데를 점검하는 등 아주 바쁘게 지냈습니다. 하지만 회의를 준비한 참모부와 현장을 방문할 때 만났던 부대원들이 힘들고 어려운 가운데 자신의 자리에서 제 역할을 해 주었음을 알기에 힘든 내색을 할 수 없었습니다. 결전태세 확립을 위해 수행하는 업무는 제대별, 직책별로 각각 다르지만, 우리의 노력이 하나하나 모여 여단의 결전태세가 확립된다는 것은 분명한 사실입니다.

이번 주에 강조할 간부들의 마음가짐의 여섯 번째는 '윤리'입니다. 윤리는 평상시 우리 군(軍)이 국민으로부터 신뢰받는 기본이 된다고 생각합니다. 아직도 인터넷 댓글 창에는 간부들이 병사들의 부식을 빼돌리거나, 시설 공사에서 뒷돈을 받는다든가, 향응을 받고 예비군 훈련을 면제시켜 주는 등의 비리가 지금까지 있는 것처럼 묘사되는 경우가 많습니다. 수십 년 전에 일부 선배들에 의해 발생했던 비리가 많은 시간이 지난 오늘날까지도 우리의 발목을 잡으며 비판의 대상이 되고 있는 것입니다. 이렇듯 윤리의 덕목을 갖추지 않으면 우리 군(軍) 전체의 신뢰도에 큰 영향을 미칩니다.

간부가 갖추어야 할 직업 윤리의 범위는 무척 넓습니다. 저는 도덕, 준법, 공정, 청렴 등을 망라한 업무 자세를 윤리라는 단어에 모두 넣어 표현하고 싶습니다. 간부들은 남들이 보지 않아도 기본적인 법규도 잘 지키고, 타인을 잘 도와야 하며, 외적으로도 전투복을 정성스럽게 입고, 출퇴근 시간을 잘 지키고, 자기 임무에 충실해야 합니다.

이런 직업 윤리는 책을 본다고 갑자기 생겨나는 것이 아니고, 누군가에게 중요하다는 소리를 한두 번 들었다고 잘 지켜지는 것도 아닙니다. 항상 자기 스스로 자신을 되돌아보고 지나온 행적을 생각해 보며 반성하고, 내가 지금 어떤 말과 행동을 하는 것이 옳은지 항상 염두에 두고 생활하려고 노력해야 합니다.

책임감, 절박감, 희생정신, 사랑, 공부, 윤리

저는 이 여섯 가지 덕목을 간부로서 반드시 갖추어야 한다고 생각해 왔고, 지금도 실천하기 위해 노력하고 있습니다. 물론 모든 덕목을 완벽하게 갖춘 채로 임무 수행하는 사람은 아마 세상에 없을 것입니다. 저 역시 마찬가지입니다. 하지만 항상 이를 지향점에 두고 실천하기 위해 노력하는 자세와 태도를 보인다면 여러분도 이미 훌륭한 간부일 것이고, 시간이 지나면 지날수록 더 완벽해질 것입니다. 그리고 이를 갖추기 위해 노력하는 과정에 있는 사람이라면 반드시 군인으로서의 자신의 임무를 달성해 내고, 인생 전체로도 발전하는 삶을 살 수 있으리라 확신합니다.

두 번째 강조 사항은 결전태세(決戰態勢) 확립을 위한 행동화입니다.

결전태세 확립을 한자어 그대로 풀면 승부를 결정짓는 중요한 전투에 임하는 자세를 갖추는 것을 의미합니다. 그냥 전투가 아니라 전쟁을 끝낼 마지막 중요한 전투를 끝내는 마음가짐이라니! 얼마나 중요하겠습니까? 그동안 우리는 이미 Fight tonight, 선승구전(先勝求戰) 등 여러 가지 구호를 내세우면서 전투 준비를 해 왔습니다. 저는 요즘 강조되는 결전태세 확립도 현장에서의 모습은 앞서 이야기한 구호들과 같다고 봅니다.

감시병은 자신이 담당하는 모니터를 주시하고 특이점이 확인되면 즉각 상황 간부에게 보고
상황 간부는 상황을 함께 주시하면서 대대로 보고하고, 관계 기관에 협조를 구함
기동 타격 분대는 해안선 수색 정찰에 충실하고, 상황 발생 시 예상 접안 지역에 즉각 출동
대대 및 여단 지휘 통제실 근무자는 상황인지 즉시 상급부대와 지휘관 및 참모에게 보고

어떠한 수식어를 사용하더라도 기지, 소초, 여단 및 대대에서 초동 조치를 행동화하는 모습은 거의 같습니다. 다만, 우리는 상급부대에서 결전태세 확립을 강조하는 이유와 이를 통해 달성하려는 목표에 대해서는 반드시 알고 있어야 합니다. 부대별로 각개 병사들에게까지 최근의 적 위협, 우리의 대응, 고속 상황 전파 체계의 변경 사항까지를 포함하여 왜 결전태세를 확립해야 하는지 이해하도록 교육하기 바랍니다.

끝으로 상급부대 지침은 여러분이 직접 시행해 보고 언제든 제한 사항을 보고해 주어야 합니다. 현장에서 적용하기 어렵거나 불필요한 것은 없애달라고 건의해야 합니다. 가만히 있으면 저는 우리 부대에 아무 이상이 없는 것으로 알 수밖에 없습니다.

여러분 모두를 사랑합니다.

여단장 편지 40(2월 넷째 주)

정신 전력의 중요성

　근래 결전태세 확립이라는 기치 아래 모두가 바쁘게 지내고 있을 겁니다. 그러나 이는 우리가 기존에 해 왔던 것들을 좀 더 실전적으로 하는 것뿐이고, 특히 중대나 소대에서의 전투 수행 모습은 거의 변하는 것이 없습니다. 달라진 게 없다고 매너리즘에 빠지지 않도록 철저하게 교육하고, 반복하여 훈련하며, 적절하게 쉬기도 하고, 항상 새로운 생각을 하면서 우리 본연의 임무에 집중합시다.

　오늘은 두 가지를 강조합니다. 먼저 감시병과 상황 간부의 임무 수행 능력 향상과 여건 보장입니다. 지금 이 시각에도 우리 여단에서 작전을 수행하고 있는 것은 감시병과 상황 간부입니다. 해안과 주둔지를 망라하여 우리 여단의 작전은 이들로부터 시작된다고 해도 과언이 아닙니다. 감시병들이 모니터를 보고 특이점을 찾아내 상황 간부에게 보고하면, 상황 간부가 관계 기관 및 인접 기지와의 협조를 통해 미식별 선박을 확인하는 것이 현재의 해안 경계 작전 모습입니다.
　그런데 만일 상황병이 모니터를 주시하지 않아 한두 개의 작은 픽셀을 놓치거나, 감시병이 특이점을 보고해도 상황 간부가 대수롭지 않게 여기고 넘어간다면 상급부대와 인접 부대에서도 알지 못할 것이고, 출동대기 중인 5분 전투 대기 부대, 정보 분석조, 기동 중대 등 예비 전력들도 가만히 대기만 하고 있을 것입니다.

그래서 작전의 시작인 감시병과 상황 간부가 임무를 잘해야만 합니다. 감시병들은 특이점을 찾아낼 수 있게 수준을 갖추어야 하고, 상황 간부들은 감시병이 특이 사항을 보고할 때 즉시 관계 기관이나 인접 기지를 통해 추가적인 정보를 파악하고 대대로도 보고해야 합니다.

이렇게 하려면 대대 및 여단에서는 감시병과 상황 간부 근무 체계를 자세히 검토하여 최상의 근무 편성을 하고, 이들이 근무 후에는 제대로 쉴 수 있도록 해야 합니다. 여건 보장 측면에서 상황실에 있는 감시병이나 상황 간부의 의자도 해당 소초에서 가장 좋은 것이어야 합니다. (여단장실에 있는 것보다 더 좋아야 합니다.)

여단에서도 근무에 활력을 주기 위해 경연 대회나 정기적인 외출 등의 여건 보장을 위해 고민하고 있습니다. 혹시 여러분 중에 현 실태에 대한 의견이나 감시병 여건 보장을 위한 좋은 아이디어가 있으면 언제든 알려 주기 바랍니다.

두 번째는 정신 전력의 중요성입니다. 〈13:130, 2:20, 6:30〉 어떤 숫자인지 짐작이 가십니까? 13:130. 임진왜란 당시 명량해전에서 이순신 장군은 13척의 배로 130척이 넘는 일본군에게 대승을 거두었습니다. 숫자로만 보면 이길 수 없는 비율입니다.

2:20. 러시아는 전 세계 군사력 순위 2위이고, 우크라이나는 군사력 순위가 20위입니다. 우크라이나-러시아 전쟁이 시작할 때만 해도 대부분 러시아가 압승할 것으로 예상했지만 러시아는 꽤 오랜 시간이 지나도록

우크라이나에 쩔쩔매고 있습니다.

마지막으로 6:30. 우리나라와 북한의 군사력 순위입니다. 단순히 숫자가 아니어도 우리 군(軍)은 핵과 화학 무기를 제외하고는 모든 면에서 북한군에 우세하고, 한미 연합 방위 태세 또한 굳건하기에 전투와 전쟁에서 승리할 것으로 자부하고 있습니다. 하지만 앞의 사례를 봤을 때 차이가 6:30이라고 해서 반드시 승리하리란 보장이 있을까요? 병력의 숫자가 많고, 좋은 무기를 가지고 있다고 해도 승리를 보장하지 않습니다. 더 중요한 것은 바로 정신력입니다.

그렇지만 정신 전력이라는 것은 간부라고, 계급이 높다고, 군(軍) 생활을 오래 했다고 해서 저절로 생겨나지 않습니다. 임전무퇴, 수사불패, 필사즉생 등과 같은 단어를 몇 번 더 듣는다고 해서 쉽게 생기는 것도 아닙니다.

방법은 여러 가지가 있습니다. 책을 읽고 관련 영상을 시청하거나, 주간 정신 교육에 잘 참여하는 것도 한 방법입니다. 국방일보의 내용을 정독하고, 영상을 시청하고, 본인의 생각을 정리하여 발표하는 것도 좋은 방법이기에 간부들부터 해야 합니다. 즉 여러분 스스로가 대적관을 확립하고, 사명감을 길러야 하며, 국가와 국민에 대한 무한한 헌신을 실천할 수 있어야 생겨납니다.

다음 주 수요일은 삼일절입니다. 삼일 운동은 우리 역사에 큰 획을 그은 민족 독립 운동입니다. 헌법 전문에서도 삼일 운동의 정신을 이어받도록 명시하고 있을 정도입니다. 1919년 우리의 선조들은 무장한 일본 경찰과 군대에 맞서 죽음을 각오하고 맨몸으로 만세를 외쳤습니다. 주중에 하루 쉰다는 것을 좋다고만 생각하지 말고 그분들이 어떤 마음으로 만세를 외쳤는지를 생각해 봅시다(이것도 정신 전력을 기르는 방법입니다).

여러분 모두를 사랑합니다.

여단장 편지 41(3월 첫째 주)

위기를 극복하는 방법, 결전태세 확립

지난 3월 1일, 충남도청에서 거행된 삼일절 기념행사에 다녀왔습니다. 행사 간 삼일절의 의미를 되새기고, 삼일절 노래를 부르면서 당시의 상황에 대해 생각해 보니 마음이 숙연해졌습니다. 여러분이 삼일절에 대해 조금이라도 이해하고, 당시 만세를 불렀던 선조들의 마음을 새겨 본다면 지금 우리가 얼마나 행복한 것인지, 그분들이 되찾으려 했던 우리나라가 얼마나 소중한지를 알 수 있을 것입니다. 국가와 국민을 위해 임무 수행하는 여러분이 그런 마음을 가진다면 군(軍) 생활을 더 잘 해낼 수 있지 않을까 생각해 봅니다.

오늘은 지난 서른아홉 번째 편지에서 강조했던 결전태세 확립을 다시 강조하겠습니다. 지난 편지에서 결전태세 확립을 한다고 해서 특별하게 무엇을 더 하는 게 아니라, 현재 여러분이 하는 걸 잘하면 된다고 했습니다. 그런데 최근 들어 우리 여단에서 승인도 없이 작전 수행 방법을 조정하거나, 상황 보고를 제대로 하지 않는 등 원래 해야 하는 것도 제대로 하지 않는 사례가 발견되었습니다.

제가 지난번에 특별한 것이 아니라고 한 것은 행동화하는 측면에서 크게 바뀌는 것이 없다는 점을 강조한 것이지, 여러분의 마음가짐도 특별하지 않다거나 기존에 하던 걸 그대로 해도 된다는 것이 아닙니다.

지금 우리 군(軍)은 커다란 위기에 봉착해 있습니다. 지난해 말 북한의 무인기가 우리 영공을 드나들었을 때의 조치에 대해 많은 국민들께서 실망하셨습니다. 다른 부대에서 발생한 것이니 우리와 아무 연관이 없다고 생각하면 안 됩니다. 우리 여단 자체적으로도 지금 수행하고 있는 해안과 주둔지 경계 작전이 완벽한지 다시 한번 묻고 확인해야 합니다. 실제 여러분이 24시간 중 단 1분 1초도 허투루 하지 않고 감시 및 경계 작전을 하고 있는지, 퇴근 이후나 주말에도 상황 발생 시 즉각적으로 출동하여 조치할 수는 있는지 확인해 보고, 또 확인해야 합니다. 다시 한번 말하지만 결전태세는 말 그대로 전쟁을 끝낼 최후의 전투에 임하는 자세입니다. 결전태세 확립이라는 말의 의미를 잘 새기고, 행동으로 실천할 수 있도록 노력해 주기를 당부합니다.

다음 주부터는 FS 연습이 시작됩니다. FS 연습은 전반기에 실시하는 한미 연합 훈련의 명칭이며, 이 기간에 육군의 다양한 제대에서 야외 기동 훈련을 실시하기도 합니다. FS 연습에는 많은 사람의 관심이 집중되어 있습니다. 전 세계 어디에서도 이 정도 규모의 지휘소 연습과 야외 기동 훈련을 하는 국가는 드물기 때문입니다.

또한 이 훈련은 북한에서도 많은 관심을 두고 있습니다. 매번 훈련 때마다 그들은 발악적으로 반대하며, 우리가 훈련하기만 하면 여러 수단을 동원하며 도발을 자행하기도 합니다.

일부이기는 하지만 우리 여단도 이번 훈련에 동참합니다. 물론 현행 작전을 수행하고, 예비군 훈련이 있는 부대원들은 평상시와 큰 차이를 느끼지 못할 수도 있습니다. 하지만 여러분이 직접 훈련하지 않더라도 훈련 기간 중에는 조금 더 임무에 충실하고, 훈련에 더욱 더 집중해야 하며, 일과 이후 개인 활동에도 조금씩만 더 조심하기 바랍니다. 짧게만 느껴졌던 2월 한 달, 모두 수고 많으셨습니다.

여러분 모두 사랑합니다.

여단장 편지 42(3월 둘째 주)

무엇을 시작하기에 충분할 만큼 완벽한 때란 없다

최근 기온이 많이 올라 완연한 봄이 되었다는 것을 느끼고 있습니다. 다음 주부터는 낮 기온이 20도 이상 올라간다는 예보도 있습니다. 기온이 올라가면 날씨가 따뜻해져 야외 활동하기에 좋기도 하지만, 반면에 화재의 위험도 커집니다. 이번 주만 해도 우리 작전 지역 여러 곳에 산불이 발생하기도 했습니다. 또 급격한 일교차로 오늘 아침에도 작전 지역 곳곳에 짙은 안개가 끼어 시정거리가 200m가 채 되지 않기도 했습니다. 조심해야 할 것은 조심해 가면서 안전하게 보내기 바랍니다.

오늘은 두 가지를 강조하겠습니다. 그중 첫 번째는 매너리즘 타파입니다. 며칠 전 전방의 모 부대에서 민간인이 "나 군단 ○○ 장교야"라고 이야기하며 자신의 승용차를 이용해 민간인 출입 금지 지역에 들어간 사례가 있었습니다. 여러분도 너무 어처구니없는 상황이라는 생각이 들지요?

제가 생각하기에 그 부대는 평소에도 간부들이 초병들에게 "너 나 몰라? 나 ○○ 장교야"라면서 정상적인 출입 절차를 무시하거나, 초병들을 함부로 대하면서 출입하던 사례가 많이 있었을 겁니다. 근무자를 제대로 교육하고, 숙달되도록 훈련하고, 잘하고 있는지 구체적으로 확인하는 일련의 과정도 제대로 하지 않았을 겁니다.

 만일 평소에도 간부들이 초병들의 근무 방법에 대해 제대로 교육하고, 출입하는 모든 간부가 초병의 계급과 무관하게 통제에 잘 따르고, 신분증 제시도 잘하고, 출입자를 확인하기 위해 차에서 대기하는 모든 과정을 잘 이행했더라면 상급부대 장교라 주장하며 갑자기 소리를 지른다는 이유로 그렇게 쉽게 통과시키지 않았을 것입니다.

 그렇다면 우리는 어떻습니까? 현재 우리가 수행하고 있는 해안 및 주둔지 경계 작전에서 우리도 100% 완벽하다고 자신 있게 말할 수 있습니까? 자신감은 금물입니다. 우리도 역시 해안 및 주둔지 경계 작전의 실태는 어떠한지 하나하나 짚어 보고 부족한 점이 있는지 확인해야 합니다. 우리 부대는 이상 없다는 생각 자체가 매너리즘입니다. 결전태세 확립은 새로운 것을 하는 것이 아니라, 지금까지 우리가 해 왔던 것이 이상 없이 잘 되게끔 하는 것임을 다시 한번 명심하기를 바랍니다.

 추가로 이 글을 보는 간부들에게 당부합니다. 앞서 말했듯이 간부들부터 솔선수범하여 초병의 통제에 잘 따라 주어야 합니다. 간부가 초병을 무시하고 다니면 민간인들은 더 무시할 수밖에 없고, 초병들의 관점에서 사복을 입고 있으면 간부인지 민간인인지 꼼꼼히 확인하는 게 어려울 수 있다는 것을 이해해 주기 바랍니다. 그리고, 지속적으로 교육 훈련을 실시해야 합니다. 한번 교육하고 훈련했다고 끝나는 것이 아닙니다. 지난달 병장이 전역하고 새로운 이등병이 들어올 수 있고, 같은 인원이 부사수에서 사수가 되어, 해야 하는 역할이 달라졌을 수도 있습니다. 여러분도 알다시피 군(軍) 생활을 더 많이 했다고 저절로 전문성이 생겨나고, 의지가 강해지는 것이 아닙니다.

두 번째 강조 사항은 '무엇을 시작하기에 충분할 만큼 완벽한 때는 없다'입니다. 이 말은 『내 인생에 용기가 되어 준 한마디』(정호승 저, 비채, 2013)라는 책에 소개된 이야기입니다. 90년대 홍콩에서 유명했던 왕자웨이(王家衛, 1958~현재)라는 영화감독이 영화를 만들 때마다 완성된 시나리오도 없이 촬영을 시작했습니다. 이를 본 어떤 기자가 왜 좀 더 완벽하게 준비해 놓고 시작하지 않느냐고 질문했을 때 그가 한 대답이라고 합니다.

하지만 아마도 그의 머릿속에는 끊임없이 영화에 대한 그림을 그리고 있었을 것이고, 가장 완벽한 상태를 찾기 위해 무조건 기다리기보다는 실천하는 한 걸음을 내딛었을 것입니다. 그리고 그 발걸음을 내딛지 않았다면 「중경삼림」, 「화양연화」와 같은 영화는 지금 우리 곁에 없었을 것입니다.

제가 취임한 지 9개월이 지났습니다. 뒤를 돌아보니 지금까지 무엇 하나 풍족하고 넘쳐 났던 경우는 단 한 번도 없었습니다. 여단의 부대원 수는 항상 부족했고, 물자와 장비도 모자랐습니다. 가뜩이나 부족한 예산은 늦게 나오기 일쑤였고, 한때는 난방 연료비조차 늦게 지급되어 추위에 떠는 부하들이 생긴 때도 있었습니다.

하지만 그런 상황에서도 우리 여단은 지난 9개월 동안 완벽하게 해안 경계 작전을 이루어 냈고, 그 어렵다던 부대 개편 과정에서 임무 수행에 차질을 빚은 적도 없습니다. 많은 사람이 직책이 바뀌고 오가면서도 단 한 건의 인명 사고도 발생하지 않았습니다. 완벽하지 않다고 해서 불평만 하고, 바뀌어야 한다고 생각하면서 아무것도 안 했다면 우리는 지금과는 다른 모습일 것입니다.

오늘 이후에도 마찬가지입니다. 새해가 되었다고 특별히 인력이 넘쳐

나고, 신형 장비가 충분히 보급되며, 물자가 풍족해지지 않습니다. 여전히 부족할 것입니다. 그렇다고 모든 것이 충분히 완벽한 때가 오기만을 기다릴 수는 없습니다. 부족해도 먼저 시작하면서 보완해 가도 좋습니다. 지금 있는 수준에서 할 수 있는 것부터 먼저 해결해 나가도 좋습니다.

이렇게 하기 위해서는 이것만큼은 반드시 해야겠다는 목표를 가지고, 내 주변에 있는 부대원들과 함께 꼭 해내겠다는 의지를 다져야 합니다. 할 수 있는 것을 하면서, 작은 목표들을 하나씩 이루어 간다면 저의 지난 9개월의 소회처럼 그 결과는 아주 큰 성과로 돌아올 수 있습니다.

FS 연습을 앞두고 평소와 달리 북한의 반응이 조용한 편입니다. 조용하다는 것은 오히려 더 위협적인 도발을 준비하고 있다는 신호일지 모릅니다. 그렇다고 우리가 예측하지 못하는 적의 도발을 대비하기 위해 전전긍긍하는 것보다는 지금 우리가 잘 할 수 있는 것을 잘하도록 노력합시다.

여러분 모두를 사랑합니다.

여단장 편지 43(3월 셋째 주)

K·S·R 잘하면 안·끼·지

이번 주는 I 대대에서 지역 예비군을 동원한 작계 훈련을 실시하였습니다. 코로나19로 2019년 이후 4년 만에 하는 훈련인데다가 기존에 하던 방식과 달리 전투 식량을 지급하고, 기동 타격 개념을 적용하여 훈련해 보았습니다. 처음에는 모두 걱정을 했지만 전 부대원이 하나가 되어 준비부터 실시간 현장 통제, 그리고 마무리까지 성과 있게 마치는 모습을 보며 우리 부대의 저력을 느낄 수 있었습니다. 모두 고생 많았습니다.

이번 훈련을 준비하고 시행하면서 여단장은 "임자 해 봤어?"라는 말을 늘 강조했다는 故 정주영 현대 그룹 명예 회장의 일화가 떠올랐습니다. 앞으로도 우리가 부여받을 임무는 처음 해 보는 것도 있을 것이고, 예측할 수 없는 장애물도 많이 있을 겁니다. 그럴 때마다 이걸 어떻게 하나 고민만 하는 것보다는 일단 해 보자는 마음으로 다 같이 힘을 합친다면 그 어떤 임무도 해낼 수 있을 것입니다.

오늘은 첫 번째로 상황 보고에 대해 강조합니다. 취임 후 여러분에게 편지를 쓰기 시작한 초창기에 이미 상황 보고에 대해 이야기한 적이 있습니다. 상황 보고는 언제 하는 것이 좋을까요? 정답은 '인지 즉시 보고'

입니다. 여러분이 직접 관측을 하거나 보고를 받은 즉시, 보고를 하는 것이 가장 좋습니다.

상황 보고는 어떻게 하는 것이 좋을까요? '본대로, 들은 대로 보고'가 정답입니다. 내용의 가감은 필요 없습니다. 직접 관측했으면 관측한 그 모습을 그대로 보고하고, 보고를 받았다면 받은 내용 그대로 보고하는 것이 가장 좋습니다.

상황 보고는 무엇을 하는 것이 좋을까요? '평소와는 다른 것'을 보고하면 됩니다. 소초나 중대, 대대에서는 이것이 긴급 보고 목록인지, 수시 보고 목록인지 복잡하게 따질 필요가 없습니다. 그런 것은 우리 여단에서도 따지지 말고 상급부대로 보고해야 합니다. 행여 "뭐 이런 것까지 보고를 해"라는 핀잔을 들어도 좋습니다.

최근 우리 여단에서 상황 보고나 전파가 늦어지는 경우가 종종 발생하고 있습니다. 작전에 큰 영향을 미치는 사안이 아니었기에 망정이지, 작전과 관련된 사항이었다면 큰 문책을 받을 수 있을 정도로 보고가 늦은 적도 있었습니다. 제가 보고를 강조하는 것은 여러분이 문책이나 징계를 받지 않기 위해서가 아니라 상황 보고를 빨리해야만 이를 조기에 판단하고 대응할 수 있기 때문입니다.

상급부대에서 근무하는 사람들은 자신의 전문 분야에서 여러분보다 더 오래 근무한 사람일 가능성이 큽니다. 초급 간부나 병사들이 이상하다 싶은 것도 그들이 보면 한눈에 알아볼 수 있습니다. 그렇기 때문에 즉시 보고해야 빨리 현상을 판단하고, 원점을 중심으로 상황이 확산되는 것을 조기에 차단할 수 있고, 추가적인 정보나 전투력을 지원받을 수도 있습니다. 상급부대로 보고를 빨리, 정확히 하는 것은 무조건 필수적임을 명심하기 바랍니다.

두 번째는 'K·S·R 잘하면 안·끼·지'를 실천하여 안전한 병영 문화를 이루자는 것입니다. 'K·S·R 잘하면 안·끼·지'는 최근 육군 차원에서 추진되고 있는 안전 생활 캠페인 구호입니다. 익숙하지 않아서 어색할 수 있지만, 의미를 되새기고 여러 번 입으로 반복해 봅시다. K·S·R은 육군 규정에 나오는 안전 3대 원칙인 위험 인지(Know), 위험 찾기(Seek), 위험 보고(Report)의 영문 첫 글자를 따서 만든 구호입니다. 안·끼·지는 3대 안전 조치인 안전 보호구 착용, 끼임 방지 조치, 추락 방지 조치의 글자를 조합해서 만든 구호입니다. 의미를 알게 되니 기억하기 쉽죠?

육군 차원에서 이렇게 안전에 대해 강조하는 이유는 해마다 안전사고가 끊이지 않고 발생하기 때문입니다. 우리 부대는 대형 장비도 없고, 지금까지 사고가 없었으니 앞으로도 괜찮을까요? 아닙니다. 안타깝게도 안전사고는 부대의 유형이나 대형 장비 보유 여부와 같은 것을 떠나 모든 부대에서 공통으로 나타나고 있습니다.

드럼통 운반 간 손가락 골절, 트럭에서 물자 하역 간 손가락 절단, 타이어 정비 중 얼굴 부상, 차량 정비 중 끼임 사고, 예초기 사용 간 베임, 조리 중 손가락 절단 등의 사례는 쉽게 접할 수 있는 내용이고, 실제로 우리 여단에서도 육군에서 발생한 안전사고와 유사한 사례가 발생했던 적이 있었습니다.

안전을 강조한다고 해서 우리의 전투 준비 태세가 소홀해지는 것은 아닙니다. 오히려 안전하지 않은 위험한 환경에서는 훈련에 집중할 수도 없습니다. 실제 상황에서도 마찬가지입니다. 만약에 초동 조치 부대가 출동하는 와중에 사고가 발생한다면 제시간에 출동할 수도 없고, 어쩌면 임무 수행이 안 될 수도 있습니다. 오늘부터 익숙해서 아무 일도 없었던 곳이라도 다시 한번 살펴봅시다. 지금까지 문제가 없었지만, 사실은 안전하지 않았던 것일지 모릅니다.

저는 오늘 오전에 전 제대 수색 정찰에 동참했습니다. 장갑차에 탑승하여 해안선 일대를 다니면서 선박 데이터베이스와 실제 선박을 비교해 보기도 하고, 얼마 전 미상 보트라고 식별하여 상황 조치를 했던 보트를 현장에서 직접 확인하기도 했습니다.

잠시 정차하여 주변을 살펴보니 장갑차와 장병들을 바라보는 일반 시민들의 시선이 느껴졌습니다. 그분들은 지나가는 장갑차를 보면서 궁금해하기도 했고, 수색 정찰하는 부대원들에게 격려의 말을 전하기도 했습니다. 이렇듯 여러분이 매일같이 하는 일상적인 작전일지라도 국민에게는 군(軍)에 대한 믿음과 잘 지켜지고 있다는 안도감을 느끼게 하는 아주 중요한 활동일 수 있습니다. 자부심을 느끼고 앞으로도 작전에 보다 충실한 부대가 됩시다.

여러분 모두를 사랑합니다.

여단장 편지 44(3월 넷째 주)

동기를 부여하는 사람

여단장은 오늘 11시부터 방영된 서해 수호의 날 기념식을 시청했습니다. 서해 수호의 날은 2002년 제2연평해전, 2010년 천안함 피격 사건과 연평도 포격 도발 사건 당시 전사하신 쉰다섯 분의 숭고한 정신을 이어받고, 서해를 포함한 국토를 지키겠다는 다짐을 하는 취지로 제정된 날입니다.

우리가 흔히 군인은 헌신(獻身)해야 한다는 말을 쉽게 하지만, 말 그대로 목숨을 바칠 만큼 헌신한다는 것은 엄청난 정신력이 필요합니다. 평상시부터 많은 교육과 훈련이 되어 있어야 하고, 군인의 임무에 대한 사명감과 자부심으로 가득해야 총탄이 빗발치는 상황에서도 의연하게 임무를 수행하고 기꺼이 목숨을 바칠 수 있는 것입니다.

그런 면에 있어서 저는 여러분들이 자랑스럽습니다. 평소 보아 온 여러분의 모습은 일부 외부에서 말하는 것처럼 자기만 아는 철부지가 아니라, 언제든 전우를 위할 줄 알고, 부대를 생각할 줄 알며, 우리의 조국 대한민국에 충성할 줄 아는 멋진 군인이기 때문입니다.

오늘은 강조 사항을 대신해 제가 이번 주에 읽었던 『모티베이터, 동기를 부여하는 사람』(조서환 저, 위즈덤하우스, 2023)이라는 책에 관해서 이야기해 보려고 합니다. 이 책의 초판 발행은 2011년으로 벌써 10년 이상 된 책입니다. 이렇게 오래된 책을 보게 된 계기는 얼마 전 한 강연 프로그램에서 저자의 모습이 너무나 인상적이었기 때문입니다.

  이 책의 저자는 예비역 육군 소위입니다. 예비역 소위라니 너무 이상하지요? 저자는 1978년 육군3사관학교 15기로 졸업하여 소위로 임관 후 소대장 임무를 수행하던 중, 수류탄 투척 훈련 간 손에 들고 있던 수류탄이 폭발하여 오른손을 잃고 겨우 생명을 건졌습니다. 젊은 나이에 장군이 되겠다는 꿈도 잃고, 오른손잡이가 오른손도 잃은 상태에서도 그분은 포기하지 않고 자신의 삶에 대한 태도를 바꿔 새롭게 살기로 합니다.

  우선 국군 병원에서 입시 공부를 다시 시작하여 퇴원 후 경희대학교 영문과에 입학하였고, 졸업 후 수십 개의 회사에서 오른손이 없다는 이유로 퇴짜를 맞았지만 이에 굴하지 않고 도전장을 던져 애경이라는 회사에 입사했습니다. 애경에 입사한 이후 한 손밖에 없는 단점을 본인의 능력과 노력으로 극복해 낸 결과, 입사 10년 만에 외국계 회사로 스카우트되어 상무까지 올랐고, 이후 지금 KT 핸드폰의 전신인 KTF 부사장까지 역임하셨습니다. 그리고 이분이 유명한 치약 브랜드 2080을 마케팅 하신 분입니다.

  제가 만약 이분과 같은 상황이었다면 어떻게 했을지 생각해 보았습니다. 과연 꿈과 희망을 모두 잃어버린 상황에서 다시 시작해야겠다는 의지를 갖고 어려움을 극복할 수 있었을까? 부끄럽지만 저는 굉장히 어려울 것 같다는 생각이 들었습니다. 그렇다면 과연 무엇이 이분에게 새로운 희망을 품게 했을까요? 저자가 자주 이야기하는 말이 "같은 운명, 다른 태도"입니다.

저자는 자신의 처지를 면밀하게 분석하고 내가 할 수 있는 것을 근성을 가지고 끝까지 해 보는 것이 해결책이라고 언급하고 있습니다. 여러분은 현재 자신의 모습에 대해 어떻게 생각하고 있나요? 장기 복무가 되지 않아 낙심하고 있나요? 진급이 걱정되어 전전긍긍하고 있나요? 지금 내 처지를 비관만 하는 것은 절대로 해결책이 될 수 없습니다. 여러분 지금 모두 눈을 감고 10초 동안 자신의 약점을 생각해 보십시오. 그리고 다시 10초 동안 자신의 강점을 생각해 보십시오. 다 끝났으면 이제부터는 자신의 약점을 잊고, 강점만 생각하고, 그 강점을 살리기 위해 노력해 보는 건 어떨까요? 저도 실천해 보겠습니다.

다음 주면 3월도 마무리되고 4월로 접어들게 됩니다. 1년을 네 등분 하여 분기라고 하는데 이제 1분기가 지나고 있습니다. 지난 1분기를 돌이켜 보면 단 하루도 바쁘지 않은 날이 없었습니다. 바쁘게 지내는 한편, 여러분들 중에는 틈틈이 공부도 하고, 운동도 하고, 가족과 시간을 보내며 보람이 있다고 느끼는 사람도 있고, 그 반대로 아쉬움이 많이 남는 사람도 있을 것입니다. 잘 지냈다고 생각되는 사람은 남은 세 분기를 지금처럼 잘 보내고, 아쉬움이 남는 사람은 2분기부터는 새로운 마음으로 계획을 실천해 보기 바랍니다.

여러분 모두를 사랑합니다.

여단장 편지 45(3월 다섯째 주)

지피지기 백전불태

이번 주 화요일에는 사단 통제하에 해안 침투 대비 FTX 훈련이 있었습니다. 해군에서 실제 침투상황을 묘사하고, 공군 전투기와 육군 헬기까지 참가하여 합동 작전으로 훈련을 진행했습니다. 이처럼 많은 합동 자산과 함께하는 것은 흔치 않은 경험이었을 텐데 모든 부대원이 그 역할을 잘해주어 큰 성과를 거둔 훈련이 되었습니다.

오늘은 지피지기 백전불태(知彼知己 百戰不殆)를 강조하겠습니다. 너를 알고 나를 알면 백번 싸워도 위태롭지 않다는 말입니다. 모두 들어 보았죠? 제가 오늘 이 말을 강조하는 것은 말 그대로 위태롭지 않으려면 적을 알고 나를 알아야 하기 때문입니다. 그것도 아주 정확하고 구체적으로 알고 있어야 합니다.

먼저, 현존하는 북한의 위협에 대한 인식입니다. 우리 여단이 해안 및 주둔지 경계 작전을 하고 있다지만 직접적으로 적을 대면하고 있지 않기에 적의 실체를 체감하지 못하는 사람이 많습니다. 3년 전 떠들썩했던 태안 밀입국 사건이 있긴 했지만, 직접적인 북한의 침투는 수십 년 전이 마지막이었고, 실제 해안에 정박하는 선박 대부분은 우리 국민의 어선이나 레저 보트입니다.

　또한 부대별 주둔지 주변은 민가와 직접 붙어 있거나 근거리에 있으며, 지역의 주민들조차 북한에 대해서는 그리 큰 관심이 없고, 간첩 사건은 몇십 년 전에나 있던 전설처럼 인식하고 있습니다. 그러다 보니 레이더나 TOD에 정보가 없는 미상 표적이 포착되어도 그리 심각하게 생각하지 않고, 주둔지 주변에 민간인들이 돌아다녀도 그냥 그런가 보다 하는 경우가 많습니다.

　그러나 최근 수십 년간 북한의 직접적인 침투가 없었다고 해서 적의 위협이 없다고 100% 장담할 수 있는지 다시 묻고 싶습니다. 1995년 해상으로 침투하여 부여에서 생포된 김동식은 이미 여러 차례 침투·복귀를 하며 국내에서 활동해 왔었고, 1996년 강릉으로 잠수함을 이용하여 침투하다 생포된 이광수 또한 잠수함을 이용해 여러 차례 공작원을 침투시켰던 사실이 있음을 밝히기도 했습니다. 지금도 우리 지역에 적의 침투가 없는 것인지, 모르는 것인지는 아무도 확인해 줄 수 없습니다.

　또한 북한은 기존의 침투 방식 외에 다양한 방식으로 우리를 위협하고 있습니다. 미사일, 방사포 위협 외에도 이번 주에는 화산-31이라는 핵탄두를 공개했습니다. 이것이 실제 핵탄두인지는 정확히 알 수 없으나, 북한의 핵 위협이 점차 고도화되고, 현실화되는 것은 우리에게 큰 위협이 됩니다.

　어제는 우리나라 국민 대부분이 사용하는 보안 인증 프로그램이 북한의 해킹에 뚫렸다는 국정원 보도 자료도 있었습니다. 이렇듯 북한은 지속해서 도발 수단을 바꿔 가면서 우리를 위협하고 있다는 것을 반드시 기억합시다.

두 번째는 우리의 현실에 대한 인식입니다. 의사가 환자를 맞이해서 가장 먼저 하는 것이 문진입니다. 몇 가지 질문을 통해 환자의 상태를 파악하는 것이죠. 이어서 검사를 합니다. 외부적으로 환자를 살펴보고, 이후에는 구체적인 장비를 활용하여 신체 내부까지 진단합니다. 이 모든 과정이 환자의 정확한 상태를 알기 위함이며, 환자의 상태를 정확히 알아야 그에 맞는 치료 방법 및 투약이 결정되기 때문입니다.

우리도 우리 자신을 스스로 정확하게 진단할 수 있어야 합니다. 우리의 현실에 대해 계속 질문을 하고 살펴보며 자세히 들여다봐야 합니다. 그래야만 우리가 무엇을 얼마만큼 보완해야 하는지 알 수 있기 때문입니다.

평상시 R/D와 TOD 감시 작전은 제대로 하는 것인지, 주둔지의 5분 전투 대기 부대와 정보 분석조는 항시 물자와 장비를 갖추고 제시간 내에 출동할 수 있는지, 출동한 우리 장병들은 현장에서 매뉴얼대로 행동하는지를 꼼꼼히 확인해야 합니다.

특히 지휘관들은 이상 없다는 보고를 들었다고 해서 막연하게 진짜 이상이 없다고 판단하면 안 됩니다. 실제 현장에 가서 눈으로 보면서 확인하고, 직접 작동되는지 만져도 보아야 합니다. 지휘 통제실 구성원들이 상황판단-결심-대응의 일련의 과정을 기능별로 잘 수행하는지도 확인해야 합니다.

오늘 제가 이처럼 우리 자신을 스스로 알아야 하는 이유를 강조하는 것은 최근 여러 차례 상급부대 통제 훈련에서 사전에 일정 및 내용이 공지된 훈련은 결과가 좋았던 반면에 불시에 했던 훈련에서는 그 반대 결과가 나왔기 때문입니다. 이것은 아직 우리가 완전하게 대비 태세를 갖추지 못한 결과라고 생각하며, 앞으로도 우리의 현실을 잘 진단하고 미흡한 부분은 우리가 스스로 보완해 갑시다.

오늘은 3월 31일입니다. 여러분 모두가 3월 한 달, 각자의 위치에서 성실하게 책임을 다해 주어 큰 문제 없이 지금까지 올 수 있었습니다. 4월을 맞이하는 여러분들이 바라고 생각하고 계획하는 것들이 모두 이루어지기를 기원합니다.

여러분 모두를 사랑합니다.

여단장 편지 46(4월 첫째 주)

예비군 역시 우리의 전우입니다

이번 한 주 우리 지역 산불 진화를 위해 애써 준 모두에게 다시 한번 고생했다는 말과 함께 여러분들이 자랑스럽다는 말을 전합니다. 짙은 연무 속에서 밤낮을 가리지 않고 산비탈을 오르내리는 여러분의 모습은 그 누가 보아도 감동적이었을 것입니다. 또한 직접 진화 작전에 투입하지는 않았어도 산불 진화 작전을 위해 지휘 통제실을 증강 운영하고, 출동 병력을 대신해 위병소와 CCTV 임무를 대신 수행한 부대원들, 끼니때마다 식사를 준비하고 추진하느라 고생한 취사병과 간부들 모두가 산불 진화에 동참했다고 할 수 있습니다.

우리가 수행한 임무는 누구에게 인정받기 위해서가 아니라 주어진 임무이기에 성실히 수행했을 뿐이었지만, 지역 주민들과 인접 기관들에게 군(軍)의 존재 목적과 의미를 확실하게 각인시켜 준 계기가 되었다고 생각합니다. 여러분이 진정 우리 국민의 생명을 보호하는 수호자입니다. 모두에게 큰 박수를 보냅니다.

오늘은 예비군의 중요성에 대해 강조하려고 합니다. 어제는 여단에서 예비군의 날 행사가 있었습니다. 여단 차원에서 준비하다 보니 여러 가지 미흡하고 부족한 점이 많았지만 참석해 주신 예비군 지휘관님들께서 적극적으로 의견 수렴에 동참해 주어 의미 있는 행사가 되었습니다.

제가 아쉽기도 하고, 미안하기도 한 것이 우리 대부분이 예비군의 날 행사에서야 겨우 그분들에게 감사와 격려의 시간을 갖는다는 점입니다. 전시 우리 여단 전투력의 00%는 예비군입니다. 이렇게 중요한 전투력인데 평상시에는 예산, 훈련, 업무 등에 관심도가 너무 낮은 것이 현실입니다. 저 자신도 해안 경계, 현역들의 교육 훈련, 부대 관리 등을 핑계로 관심과 노력이 부족했음을 인정합니다.

앞으로는 여단에서 조금 더 관심을 두고 많은 지원을 할 수 있도록 노력을 기울여야 하겠습니다. 각 부대 지휘관들도 전시 우리의 임무 수행을 위해 예비군이 꼭 필요한 전력임을 기억하고 평시부터 자원 관리, 교육 훈련에 함께 관심을 두고, 예비 전력 소요 판단, 작전 계획 발전 등 전시 실효성 측면에서 업무를 적극적으로 추진해 주기 바랍니다.

예비군 지휘관들께도 당부드립니다. 예비군 업무에 대해서는 가장 정통하신 분들이 바로 여러분이십니다. 법령과 지침에 대해 가장 많이 알고 있고, 그 법령과 지침을 현실에 직접 적용하는 분들도 여러분이시고, 법령과 지침이 현실과 충돌하는 경우나 적용하기 어려운 상황도 가장 많이 알고 계십니다. 이것이 여러분들이 더 적극적으로 의견을 주셔야 하는 이유입니다.

올해 초 예비군 성과 분석 회의를 하면서 의견을 제시해 주십사 했을 때 아무도 말씀이 없으셨던 것을 기억합니다. 생각할 수 있는 이유는 딱 두 가지였습니다. 하나는 현장에서 고민이 없거나, 또 다른 하나는 말해도 소용이 없다고 생각하거나입니다. 그러나 제가 현장에서 직접 만나 본 지휘관분들 중에 고민이 없는 분은 아무도 안 계셨습니다. 현실을 모르는 지침만 제시하고, 의견을 묵살하고, 현장에 와 보지도 않는 상급부대에 실망하여 입을 닫고 있는 경우가 대부분이었습니다.

하지만 예비군 지휘관 여러분! 한 번 더 힘을 내고, 용기를 내서 말씀해 주시기를 당부드립니다. 대대장들도 예비군 지휘관들과 더 많은 대화를 하고, 현장을 방문하고, 필요한 것은 언제든 여단으로 알려 주기 바랍니다. 여단에서도 가능한 것은 빨리 조치하고, 상급부대에도 적극적으로 건의하겠습니다. 이렇게 우리 모두가 노력한다면 최소한, 지금보다는 더 나은 미래가 될 수 있을 거라 확신합니다.

지난 산불 현장 지휘 본부에서 우리 지역대장님과 기동대장님이 주·야 교대하시면서 24시간을 함께하는 것을 보았습니다. 현장 상황실에 다양한 부대의 수많은 병력이 오가는 것을 하나하나 체크하고, 그들에게 필요한 물자와 장비, 식사를 꼼꼼하게 따져 군청과 협조하여 지원하고, 읍·면 단위는 물론 리 단위 이하까지도 정확히 알고 주민 대피를 위해 직접 현장으로 뛰어다니시는 모습도 보았습니다.

이것은 평상시부터 군청 직원들과 업무는 물론 인간적인 유대 관계까지 끈끈하게 맺은 결과이고, 작전 지역에 대한 세밀한 분석을 통해 당장이라도 우리 지역의 그 어느 곳이라도 출동할 수 있도록 완벽하게 준비한 결과입니다. 다시 한번 예비군 지휘관분들의 저력을 알 수 있는 계기가 되었습니다.

제가 최근에 읽은 『우유곽 대학을 빌려 드립니다』(최영환 저, 21세기북스, 2023)라는 책에 보면 불합리한 것과 불만족스러운 것을 말로만 하면 불평불만이 되지만 글로 남기면 아이디어가 된다고 합니다. 우리도 합리적이지 않은 상황을 말로만 꺼내지 말고 차분히 앉아 글로 한번 적어 봄시다. 그것이 바로 우리 부대의 발전에 기여하는 훌륭한 아이디어가 될 수 있습니다. 여러분의 적극적인 아이디어를 기대합니다.

여러분 모두를 사랑합니다.

여단장 편지 47(4월 둘째 주)

말속에 담긴 간부의 품격

어제는 야간까지 부대별로 훈련이 있었습니다. 훈련하고 돌아와 무척 피곤하겠지만 금요일인 오늘 이번 한 주를 잘 마무리하기 바랍니다. 한 주를 마무리한다는 것은 이번 주 수행했던 업무를 돌이켜 보며 발전시킬 사항도 정리해 보고, 부대원들이 한 주 동안 어떻게 지냈는지 대화도 나눠 보고, 다음 주 예정 사항도 꼼꼼히 검토해서 부대원들이 궁금해하지 않게 알려 주는 것 등 여러 가지가 있습니다. 이렇게 마무리를 해야 주말 간 맘 편히 쉴 수 있고, 새로운 한 주의 시작이 바쁘고 정신없지 않을 것입니다.

오늘은 한 가지만 강조하겠습니다. 바로 폭언·욕설 금지입니다. 지금 이 편지를 받는 사람 중에 저에게 스스로가 폭언과 욕설을 한다고 말하는 사람은 아마 없을 것입니다. 그런데 안타깝게도 누군가의 폭언과 욕설로 힘들어하는 부대원이 있습니다. 지금은 예전과 다르게 상스러운 욕을 해야 폭언과 욕설이 아닙니다. 말로 인해 상대방이 상처를 입게 되면 그것은 바로 폭언이 됩니다. 모든 것은 듣는 사람 기준입니다.

우리 인간은 말로써 자기 뜻을 전달하고, 이해하면서 소통을 하는 존재입니다. 그런데 말에는 전하려는 의미 외에도 말하는 사람의 감정이 포함되어 있습니다. 듣는 사람의 입장에서는 말을 하는 사람의 감정을 먼저 느끼고 난 후에야 말에 포함된 의미를 이해할 수 있습니다. 부정적인 어감과 분위기가 입혀진 말은 듣는 사람에게 감정만을 전달할 수도 있습니다. 그렇게 되면 아무리 중요한 말인들 무의미한 외침이 될 가능성이 큽니다.

『말의 품격』(이기주 저, 황소북스, 2017)이라는 책에 보면 말에는 말하는 사람의 마음이 담겨 있고, 품성이 드러난다고 합니다. 여러분들이 말하는 것을 모으면 여러분의 품성, 품격을 알 수 있습니다. 특히 군(軍)에서는 지휘관, 상급자, 선임자가 주로 말을 하는 경우가 많은데, 이들도 사람인지라 말을 하면서 의미 외에도 감정이 포함될 가능성이 큽니다. 그래서 말을 많이 하는 지휘관, 상급자, 선임자들은 항상 말을 조심히 해야 합니다. 여러분이 말하는 하나하나를 부하와 후임들이 느끼고 여러분의 품성을 알 수 있다는 것을 잊지 말기 바랍니다.

4월은 생명 존중 활동 특별 강조 기간입니다. 물론 우리가 평상시부터 생명의 존엄에 대해 중요성을 알고 실천해 왔지만, 특별히 더 노력하고 관심을 기울여야 합니다. 부대별로 이번 특별 강조 기간을 추진동력으로 하여 생명 존중 문화를 발전시키는 붐을 일으켜 보면 어떨까요? 앞으로 5월 중순까지 각 부대가 훈련으로 많이 바쁠 텐데, 바쁠 땐 바쁘더라도 내 부하 한 명 한 명 돌아보고, 내 전우 한 명 한 명 끌어 주면서 서로 간에 정서적인 교감을 갖고 지내기 바랍니다.

여러분 모두를 사랑합니다.

여단장 편지 48(4월 셋째 주)

싸우는 방법대로 훈련하고, 훈련한 대로 싸운다

이번 주 사단 통제 대침투 작전 FTX를 수행하느라 고생 많았습니다. 실제 대항군이 운용되면서 우리 작전 계획에 없던 새로운 도발 상황을 조치해 보고, 통제선과 봉쇄선도 실제 점령해 보는 등, 다양한 상황에 대응할 수 있는 능력을 키운 좋은 기회였다고 생각합니다.

특히 수요일에는 한여름이라 해도 과언이 아닐 정도로 뜨거운 날씨였는데 봉쇄선 점령 현장에서 땀을 뻘뻘 흘리면서 흔들림 없이 작전을 수행하고 있는 우리 부대원들을 보며 더욱 믿음이 가고 든든했습니다.

물론 일부 아쉬운 점도 있었습니다. 하지만 미흡한 점을 식별했다는 것도 이번 훈련의 성과라 할 수 있습니다. 대신 미흡한 점들은 각 제대별로 반드시 보완해 주기 바랍니다. 보완해야 할 이유는 우리가 실제 상황이라면 그 임무를 반드시 성공해야 하기 때문입니다.

오늘은 실전적 훈련을 강조합니다. 싸우는 방법대로 훈련하고, 훈련한 대로 싸운다는 말 많이 들어 보셨죠? 우리 군(軍)은 지금까지 실전적 훈련을 강조해 왔습니다. 육군에서는 최대한 실전과 유사하게 상황을 조성하여 훈련하는 과학화 전투 훈련 부대(KCTC)를 창설하여 여단급 훈련을 하기도 합니다. 아쉽게도 그 대상은 전방 상비사단만으로 한정하고 있어서 우리는 경험해 볼 수가 없습니다.

제가 우리 여단의 훈련 현장에 가 보면 많은 부대원이 실전과 같지가 않아서 훈련에 집중하기가 어렵다는 말을 많이 합니다. 하지만 실제 북한군이 침투하고, 경계 태세나 통합방위 사태가 선포되지 않는 이상 실전과 같은 환경을 조성하기란 불가능합니다.

그렇다면 어떻게 해야 할까요? TOD 감시병은 아무것도 없는 화면에 표적이 있다고 말하기가 어색해서 피식 웃으며 지휘 통제실에 몇 마디 보고하고 나면 끝일까요? 메시지 카드에 적힌 주민 신고를 받고 출동한 5분 전투 대기 부대나 정보 분석조는 진짜 폭발물이 없는 현장에서 인접 부대원으로 구성된 통제관 얼굴 한번 보고 도착 시간만 확인한 채 복귀하면 되는 걸까요? 통제선이나 봉쇄선을 점령하러 간 장병들이 가상 적의 위치, 동선 등을 고려하지도 않은 채 양팔을 들어 간격 맞춰 앉아 있기만 하면 되는 건가요? 지휘 통제실은 예하 부대에서 보고를 하지 않아서 상황 파악이 안 된다고 그들을 탓하며 가만히 기다리기만 하면 할 일을 다 한 걸까요?

실전과 같은 훈련을 하는 것에서 가장 중요한 것은 환경보다 훈련하는 사람들의 생각입니다. 바로 이것이 실전이라는 생각! 현재 주어진 상황 속에서 실전이라고 생각하고 훈련을 해야 합니다. 그렇지 않으면 그 어떤 환경을 조성해도 실전과 같은 훈련이 되지 않습니다. 앞서 말한 KCTC도 어차피 공포탄이고 대항군도 우리 전우들이라 생각하면 실전과 같은 훈련이 되지 않습니다. 현재 상황이 실제로 발생한 것으로 생각하고 완전히 몰입해야만 최대한 실전과 같은 훈련을 할 수 있습니다.

훈련하는 동안은 실제 해안으로 적이 침투해서 내륙에서 활동 중이고,

국가중요시설에 폭발물이 있는 거라고 생각해야 합니다. 지금 빨리 조치하지 않으면 군인은 물론 민간인들이 죽을 수도 있다는 생각을 가지고 상황을 인식하고 조치해야 합니다.

CCTV 관제 센터에 파견 나간 사람은 지금 당장 해당 차량을 찾지 못하면 안 된다는 생각으로 상황에 몰입해서 적을 찾아야 합니다. 통제선, 봉쇄선에 투입된 장병들은 내 앞으로 적이 온다는 생각으로 적이 접근해 올 방향을 예측한 상태에서 진지를 구축하고, 인접 진지와도 협조 대책을 마련한 채 전방을 주시해야 합니다.

실제 상황을 조성할 수 없으니 상상을 해야 합니다. 아무런 근거 없이 상상하는 것이 아니라 우리가 지금까지 공부해 왔던 수많은 전사, 실제적 침투 사례 및 대침투 작전 사례 등을 바탕으로 근거 있고 실전감 있게 상상해야 합니다. 그리고 그러한 것을 좀 더 생동감 있게 부하들에게 교육해야 합니다. 그것이 간부들의 역할입니다.

다음 주는 4월 마지막 주입니다. 부대가 바쁘지만, 4월을 마무리하고 5월을 준비하면서 "고생했다", "수고했다" 말 한마디로 서로를 인정해 줍시다. 또한 전역이나 전출로 부대를 떠나거나, 전입을 오는 사람들이 있다면 모두 모여 환송 및 환영해 주며, 생일을 맞이한 사람이 있으면 "축하해" 한마디를 건넬 수 있는 부대원이 됩시다.

여러분 모두를 사랑합니다.

여단장 편지 49(4월 넷째 주)

가족에게 충성을

이번 주에는 J대대가 전술 훈련 평가를 받고 있습니다. 지난 수요일에 현장을 방문하여 직접 확인한 결과 지휘관을 중심으로 전 부대원이 진지한 표정으로 훈련에 집중하고 있었습니다. 지난 편지에 실전이라는 생각으로 훈련을 해야 한다고 이야기했는데 그것을 구현하려고 노력하는 모습을 여러 곳에서 발견했습니다. 마지막까지 안전하고 성과 있는 평가가 될 수 있기를 기원합니다.

오늘 두 가지를 강조합니다. 먼저 가족의 중요성입니다. 여러분이 군(軍) 생활을 하는 이유는 무엇입니까? 어려서부터 군인이 되고 싶어서, 병역의 의무를 다하기 위해서, 또는 의무 복무를 하다 보니 적성에 맞아서 등등 이유야 어떻든지 간에 우리는 이미 군복을 입고 있고, 군인으로서의 의무를 다해야 합니다.

「군인의 지위 및 복무에 관한 기본법」

제4장 군인의 의무 등, 20조(충성의 의무)
군인은 국군의 사명인 국가의 안전보장과 국토방위의 의무를 수행하고, 국민의 생명·신체 및 재산을 보호하여 국가와 국민에게 충성을 다하여야 한다.

상기 법령에 명시된 것과 같이 군인의 여러 의무 중에 충성의 의무가 있고, 우리는 그 충성의 의무에 따라 국민의 생명·신체 및 재산을 보호해야 합니다. 오늘 저는 법에 명시된 국민의 대상에 여러분의 가족이 포함되어 있으며, 가족에 대한 충성이 정말 중요하다는 말을 하고 싶습니다. 여러분을 조건 없이 사랑해 주고, 어떤 실수가 있어도 실망하지 않고 믿어 주는 사람은 가족이고, 여러분이 군(軍) 생활을 잘할 수 있게 만드는 원동력이기 때문입니다.

지난 시간을 돌이켜 보면 사실 저부터가 가족에 충성하지 못한 것 같습니다. 가족들도 분명히 저에게 바라는 것이 있었을 텐데 그때는 그 마음을 헤아리지 못하고 가족들이 온전히 저를 다 이해해 주기만을 바랐습니다. 항상 부대가 우선이었고, 부대 업무의 스트레스를 그대로 집으로 가져가 인상을 찌푸리고 있던 적도 있습니다.

조금만 마음의 여유를 가졌으면 바쁜 와중에라도 함께 보낼 수 있는 시간을 조금이라도 만들 수 있었을 텐데, 조금만 마음을 가라앉히고 퇴근했다면 따뜻한 말 한마디를 건넬 수 있을 텐데 그렇게 하지 못한 게 후회가 됩니다. 여러분은 저 같은 실수를 하지 않기를 바랍니다. 글을 쓰다 보니 그런 시간을 보내 왔음에도 항상 내 남편, 내 아버지가 최고라고 말해 주는 가족들이 새삼 또 고마워집니다.

다음 달 달력을 넘겨 보니 어린이날, 어버이날, 부부의 날이 눈에 들어옵니다. 5월에는 여러 훈련으로 인해 많은 시간을 가족과 함께 보내기는 어렵겠지만 틈틈이 전화나 문자를 보내거나, 함께 있는 가족을 위해 평일에 할 일을 다 하고 주말에 시간을 더 많이 보낼 수도 있습니다. 우리 모두 여러분의 가장 가까운 가족부터 챙겨 가면서 군(軍) 생활을 해 봅시다. 저도 이번 주말에는 가족들과 시간을 보내려고 노력해 보겠습니다.

두 번째는 군사 보안의 중요성입니다. 얼마 전 여단 간부 교육 시간에 보안 교육이 있었습니다. 교육을 받아 보니 제 스스로가 보안에 대해 너무 모르기도 하고, 알면서도 지키지 않는 게 많다는 것을 알게 되었습니다. 우리 부대에서도 핸드폰으로 업무 내용을 전파하는 일은 굉장히 만연해 있는데, 비밀이 아니더라도 핸드폰으로 일상적인 업무 내용조차 전파하면 안 된다는 것을 이제야 알았습니다.

최근 여단에서도 보안 위반 사례가 발견되었는데, 모두가 규정을 잘 지킨다면 발생하지 않았을 것들입니다. 한 가지 덧붙이자면 기존에는 국방보안훈령에 의해서 비밀 관리를 했지만, 이제는 군사기밀보호법의 적용을 받게 되어, 법에 저촉되는 행위를 하는 경우 전과자가 됩니다.

그렇다면 우리가 보안 규정을 지켜야 하는 이유는 무엇일까요? 단지 지적받지 않고, 처벌받지 않기 위해서일까요? 아닙니다. 궁극적으로 전투와 전쟁에서 승리하기 위해서입니다. 이에 대한 부연 설명은 최근 발생했던 사례를 통해 이야기하겠습니다.

지난 1월 러시아군 임시주둔지에 4발의 미사일 공격이 있었고, 이로 인해 63명의 군인이 사망한 일이 있었는데, 이 공격에 러시아 군인들의 핸드폰 이용 정보와 위치 데이터가 우크라이나 군의 공격좌표로 활용되었다는 현지 보도가 있었습니다. 쉽게 생각했던 휴대폰 사용이 이와 같은 결과를 낳은 것처럼 평시 상황에서 안일하게 생각한다면 전시에도 같은 실수를 저지를 수 있습니다. 군사 보안 규정 준수 또한 결전태세 확립을 위해 반드시 지켜야 하는 필수 요소임을 명심하여 확고한 군사보안 태세를 유지합시다.

여러분 모두를 사랑합니다.

여단장 편지 50(5월 첫째 주)

군대의 기율이자 생명인 군기

　어제까지 실시한 전면전 FTX 훈련에 참여한 부대원들 모두 수고 많았습니다. 특히 화요일에는 5월임에도 불구하고 한낮 기온이 27℃까지 올라갔는데, 그 더위와 싸우면서도 현장에서 성실히 임무를 수행하느라 고생 많았습니다. 훈련 현장에서 흘렸던 여러분의 땀 한 방울, 한 방울이 헛되지 않도록 훈련 결과를 잘 정리하고, 내일부터는 푹 쉬기 바랍니다.

　오늘은 예비군 훈련대 창설식이 있습니다. 지난해 창설 TF 네 명이 모여 비어 있던 막사의 먼지를 털어 내고 책상 네 개와 컴퓨터 한 대로 시작했다는 일화를 서른네 번째 편지에서 소개한 적이 있습니다. 그렇게 시작한 예비군 훈련대가 이제는 1만여 평이 넘는 부지에 안보 교육관, 실내 사격장 등 여러 개의 최신 시설이 들어선 명실상부한 예비군 훈련 전문 부대가 되었습니다.

　지난주에 미리 점검 목적으로 방문했는데 과목 연구나 훈련장 정비가 잘 되어 있는 것을 보고 적잖이 놀랐습니다. 사무실 이사도 여러 차례 해야 하는 어려운 여건 속에서도 먼저 시작한 다른 여러 부대를 찾아가서 배우고, 확보한 자료를 우리 부대에 적용하기 위해 불철주야 노력한 결과가 아닐까 생각합니다.

오늘의 창설식은 훈련대의 실질적인 임무의 시작입니다. 곧 첫 예비군 훈련도 시작될 텐데 훈련대장을 중심으로 마지막까지 잘 보완하고 다듬어서 잘 해내 주길 바랍니다. 지금처럼만 한다면 큰 걱정 없이 진행될 거라 믿어 의심치 않습니다.

오늘 두 가지를 강조합니다. 먼저, 시간개념입니다.

① *곧 출발합니다. 잠시 후 도착합니다. 한참 걸립니다.*
② *10분 후 출발합니다. 5분 후 도착합니다. 예상 소요 시간은 1시간입니다.*

여러분은 ①번과 ②번 중에 어떤 표현을 자주하고 있습니까? 사실 ①번은 제가 업무 수행 간 가장 듣기 싫어하는 표현입니다. 곧 출발한다는 것이 5분인지, 10분인지, 1시간인지 말하는 사람마다 의미가 달라서 도대체 언제라는 것인지 정확한 정보를 알기 어렵기 때문입니다. 시간 개념이 명확하지 않으면 서로 간에 의사 전달이 모호해집니다. 상대방의 의미를 알 수 없으니 듣는 사람 또한 판단이 서지 않습니다.

우리 군인에게 시간은 매우 중요합니다. 실제 전장에서는 단지 몇 분, 몇 초로 전투의 승패가 갈리거나 생명이 오고 가는 경우가 많습니다. 포병 훈련이나 지해공 합동 작전 시에는 '초'단위까지 작전 시간에 포함하여 계획을 작성하기도 합니다.

표현도 표현이지만 그 시간을 지키려는 노력도 당연히 해야 합니다. 사전에 계획된 시간이 8시 30분이라면 그 시간에 맞추어야 합니다. 이것은 주관하는 사람이나 참석하는 사람이나 계급 고하를 막론하고 지켜야 하는 약속입니다. 그 시간을 맞추기 위한 개인별 사전 준비는 스스로 해야 합니다. 이동 시간, 자료 준비 시간, 회의 전 화장실 다녀오는 시간, 물 한 잔 마시는 시간까지 사전에 무엇을 해야 할지는 본인이 정하고 본인이 행동해야 합니다. 그 이전 시간을 어찌 보내든 8시 30분에는 반드시 약속된 장소에 가 있어야 합니다.

만약에 여러 사유로 시간을 지키지 못하게 될 때는 언제까지 가능한지를 본인이 판단하여 누군가에게는 알려 주어야 합니다. 늦게 되는 이유도 본인만 알고, 그래서 얼마나 늦는지도 본인만 판단할 수 있기 때문입니다. 그렇지 않으면 시간에 맞춰 온 사람들도 멍하니 기다릴 수밖에 없고, 혹시 무슨 일이 있는지 불필요한 걱정과 확인의 노력을 해야 합니다.

전쟁 영화에서 작전에 투입되기 전에 팀장의 주도하에 팀원들의 손목시계를 정확히 맞추는 장면이 간혹 등장합니다. 시간이 그만큼 중요하다는 의미입니다. 요즘에도 지휘 통제실에 비치된 시계들의 시간을 일치화시키는 절차를 시행하기도 합니다. 우리 모두 시간에 대한 개념을 명확히 하고 정해진 시간을 반드시 지키도록 합시다. 저도 시간을 지키기 위해 노력하겠습니다.

두 번째는 군기 유지입니다. 이번 주 월요일 부대별로 5월 국기 게양식을 시행하고, 이어서 군기 교육을 했을 겁니다. 그런데 군기 교육을 한 달에 한 번 하는 것이면 충분하다고 생각하면 곤란합니다. 군기 교육은 상시 이루어져야 합니다. 우리가 군기 교육을 하는 이유는 여단장이 우리 장병들의 꼿꼿한 차려 자세를 보고 싶거나, 똑바른 경례를 받고 싶어서가 아닙니다. 그것이 바로 군(軍)의 생명이기 때문입니다. 군인의 지위 및 복무에 관한 기본법 시행령에 명시된 군기의 의미를 소개합니다.

「군인의 지위 및 복무에 관한 기본법 시행령」

제1장 총칙, 제2조(기본정신)
1. 군기

군기는 군대의 기율(紀律)이며 생명과 같다. 군기를 세우는 목적은 지휘체계를 확립하고 질서를 유지하며 일정한 방침에 일률적으로 따르게 하여 전투력을 보존·발휘하는 데 있다. 그러므로 군대는 항상 엄정한 군기를 세워야 한다. 군기를 세우는 으뜸은 법규와 명령에 대한 자발적인 준수와 복종이다. 따라서 군인은 정성을 다하여 상관에게 복종하고 법규와 명령을 지키는 습성을 길러야 한다.

오늘 군기에 관해 이야기하는 이유는 최근 전방의 모 부대에서 병사가 대마초를 부대에 반입하여 피운 사례를 보고 여러 분석들이 나오고 있는데, 이 중에 가장 중요한 것이 빠져 있어 강조하고자 함입니다. 해당 부대의 사례는 단순히 개인 택배나 소포를 반입하는 과정에서 간부들에 의한 확인 체계가 없어서 발생한 것이 아닙니다. 마약류는 워낙 다른 물품으로 보이게 위장하는 수단이 많아서 감추려고 하면 얼마든지 감출 수 있습니다.

게다가 대마초를 포함한 마약을 소지, 투약하는 것이 범죄라는 것을 모르는 사람은 없을 것입니다. 이렇게 범죄인 줄 알면서도 한다는 것은 군기가 없기 때문입니다. 군기가 없다는 것은 단지 상급자에게 경례하지 않거나, 전투복을 규정에 맞지 않게 착용하는 것뿐만 아니라, 법규에 대하여 자발적으로 준수하겠다고 생각하지 않는 것도 포함되는 것입니다.

사실 준법정신은 우리 국민 모두에게 요구되지만, 우리 국민은 군(軍)에 대해서 더 높은 수준의 준법정신과 도덕성을 요구합니다. 요즘 일반인

몇 명이 택배로 대마초를 사서 피우는 것은 뉴스거리도 되지 않는 시대에 병사가 대마초를 피웠다고 이렇게 뉴스에 도배가 될 정도라는 것은 그만큼 국민들이 군인만큼은 그러면 안 된다고 생각하기 때문입니다. 이것은 현역 병사는 물론 상근 예비역을 포함한 모든 장병, 군무원, 예비군 지휘관, 심지어 군(軍)에 근무하는 민간인들까지도 모두 해당합니다.

제가 이렇게 군기를 강조하는 이유는 군의 존재 목적, 바로 전투와 전쟁에서 이기기 위해서입니다. 목숨이 오가는 전장 상황에서 자신의 목숨이 위태로운 줄 알면서도 지휘관의 명령에 따라 앞으로 나아가야 하는 숙명을 가진 우리이기에 평소에 법률이나 규정, 명령을 자발적으로 따르게 하는 것이 바로 군기를 세우는 목적입니다.

평상시 소소한 것들도 지키지 않으면서 실제 전쟁이 나면 모두가 자발적으로 목숨을 걸고 지키겠지 생각하는 것은 헛된 망상일 뿐입니다. 평상시부터 부대의 규정이나 방침, 지휘관의 명령을 우습게 생각했다면 실제 전쟁이 나면 더욱더 지키지 않을 것이 분명하기 때문입니다.

군기를 세우는 것은 굉장히 불편합니다. 그런데도 이러한 불편함을 참고 이겨 내는 것이 바로 군기가 살아 있는 모습일 것입니다. 우리 모두 스스로 법과 규정을 잘 지켜 갑시다. 그것이 바로 군기를 세우는 방법입니다. 이번 강조 사항을 반드시 기억하고 부대별로 군기를 세우고 유지하기 위한 노력을 강화하기 바랍니다.

오늘부터 내일까지 강풍을 동반한 많은 비가 예보되어 있습니다. 이미 각 부대에서는 관련 내용이 전파되어 부대별로 조치하고 있을 텐데, 잘 대비하여 피해가 없도록 합시다. 주둔지에서는 배수로 정비도 하고, 붕괴나 사태 우려 지역은 아예 접근하지 말고, 해안 경계 작전을 포함하여 야간에 운행하는 차량은 더욱 안전하게 다닐 수 있도록 교육하고 확인하기 바랍니다. 자연재해는 우리 인간이 막을 방법이 없습니다. 철저히 대비하는 것만이 우리가 할 수 있는 일입니다.

여러분 모두를 사랑합니다.

여단장 편지 51(5월 둘째 주)

훈련을 앞둔 마음가짐

이번 한 주는 다음 주에 예정된 화랑훈련 준비로 우리 모두 바쁜 시간을 보내고 있습니다. 화랑훈련은 전·평시 북한의 안보 위협으로부터 국민의 안전을 보장하기 위해 지역 단위의 민·관·군·경·소방 등 전 국가 방위 요소가 참여하여 2년마다 실시하는 통합방위 훈련입니다. 그동안 코로나19로 인해 실시되지 못했는데 이번에 4년 만에 실시되어 감회가 새롭습니다.

이번 훈련은 해안 침투 상황과 국가중요시설 및 다중이용시설에 대한 테러 상황, 피해 발생에 따른 피해 복구 훈련 등으로 진행되는데 여러분이 평소에 해 오던 것들을 모든 기관이 참여하여 함께 시행해 볼 수 있는 아주 좋은 기회입니다.

그런 의미에서 오늘은 세 가지를 강조하겠습니다. 먼저 훈련에 임하는 마음가짐과 자세입니다. 우리 모두가 실전이라는 생각으로 훈련에 임해야 합니다. 훈련 참여의 대상이 확대되고 많은 장비가 투입된다고는 하지만 화랑훈련 역시 실제가 아니다 보니 모든 것을 구현하기란 어렵습니다. 실제로 예비군을 동원할 수도 없고, 도로를 가로막아 검문소를 운영

할 수도 없습니다. 적 상황은 대항군을 운용하기도 하지만 많은 부분에서 메시지로 대체되기도 합니다.

훈련 상황이 그렇다 하여도 우리는 실전이라는 생각으로 대항군을 찾기 위해 노력해야 하고, 메시지의 상황을 실제라 가정하고 대응해야 합니다. 그렇지 않으면 부대원들도 훈련에 몰입할 수 없고, 그것을 지켜보는 통제관이나 평가관들도 우리 부대는 전투 모습을 흉내만 낸다고 할 것입니다. 평상시의 훈련을 실전과 같다고 생각하고, 실전처럼 수행하지 않으면 전쟁에서는 당연히 이길 수 없습니다. 피곤하고 졸리고, 숨이 턱턱 차오르더라도 조금 더 참고 적을 찾고, 잡을 때까지 끝까지 해 봅시다.

두 번째는 안전이 최우선입니다. 안전하지 못하면 아무것도 할 수 없습니다. 이번 훈련 간 안전 수칙을 준수하지 못해서 사건, 사고가 발생한다면 그 누구도 훈련에 집중할 수 없습니다. 안전에 대한 조치는 누가 대신해 주는 것이 아닙니다. 여러분 스스로 해야 합니다. 안전하지 않다면 우선 멈추고 살펴보고 조치한 이후에 하면 됩니다. 안전하지 않은 것을 하라고 그 누구도 강요할 수 없습니다.

이러한 안전 조치는 훈련은 물론이고 실제 상황에서도 필요합니다. 해상에서 미상 선박을 발견한 상황에서도 안전하지 않은 상태로 차량에 탑승하다 보면 다치는 사람이 발생하고 결국 출동 시간이 늦어질 수 있습니다. 차량 이동 간에 교통사고가 발생해도 작전에 투입할 수 없습니다. 이번 훈련이 아무리 중요한 훈련이라고 해도 여러분의 안전보다 우선할 수는 없습니다. 여러분의 안전이 최우선입니다.

세 번째는 평소 하던 것은 계속되어야 합니다. 우리는 큰 훈련이 있거나 상급부대에서 새로운 임무를 받으면 통상 기존에 하던 것을 생략하거나 미루는 경향이 있습니다. 그러다 보니 기본적인 것을 놓치거나 하지 못해서 낭패를 보는 경우를 많이 봅니다. 모든 것을 다 해낼 수는 없지만 다음 주의 화랑훈련뿐만 아니라 다다음 주의 부대 운영도 고려해 가면서 해야 할 것은 반드시 해야 합니다.

계속해야 할 것들 중에 생각나는 몇 가지만 이야기하자면, 우선 훈련 기간에도 완벽한 해안 경계 작전은 계속되어야 합니다. 다음 주의 훈련도 이런 해안 경계 작전을 잘하기 위함인데 정작 본질을 놓친다면 말이 안 됩니다.

주둔지 경계도 마찬가지입니다. 얼마 전 모 부대에서 민간인이 군인이라 속이고 부대 위병소를 통과하여 부대 안을 유유히 돌아다니는 일이 또 생겼습니다. 훈련 기간에는 훈련에 참여하지 않는 인원이 위병 근무를 대체하거나, 기존 인원이 투입하더라도 훈련으로 심신이 피곤한 상태에서 투입하여 근무를 소홀히 할 수 있는데, 이런 일이 일어나지 않도록 관심을 기울여야 하겠습니다.

또한 군(軍) 생활을 어려워하고 힘들어하는 전우들이 소외되거나 방치되지 않도록 관심을 두는 일도 지속되어야 합니다. 실제 전시라 해도 그들 역시 우리가 챙기고 함께 가야 합니다. 계획대로 진행되는 예비군 훈련도 당연히 잘 되어야 합니다. 사소한 것 같지만 부대별로 부식 청구 및 수령 같은 일상적인 업무도 빠지면 안 됩니다. 이것들 외에도 부대별로 조금만 고민해 보면 더 많은 요소가 있을 것입니다. 혹시나 놓치지 않도록 다시 한번 잘 확인해 주기 바랍니다.

훈련을 앞두고 많이 긴장할 필요는 없습니다. 긴장하는 이유는 준비가 부족하고, 앞으로 어떻게 진행될지 모르는 불안감에서 비롯됩니다. 제가 볼 때 우리 여단의 훈련 준비는 끝났습니다. 어떤 상황이 부여된다고 하여도 능히 해결하고 조치할 수 있다고 생각합니다. 저는 벌써 다음 주 금요일이 기대됩니다. 아마 부대별로 훈련을 끝내고 축배를 들고 있지 않을까요? 이번 주말 푹 쉬고, 다음 주 훈련에 임하는 몸과 마음을 준비합시다.

여러분 모두를 사랑합니다.

여단장 편지 52(5월 셋째 주)

할 때 팍, 쉴 때 푹!

이번 한 주 고생 많았습니다. 식사도 제대로 못 하고, 밤새도록 피곤한 가운데 임무 완수를 위해 최선을 다하는 여러분의 모습을 보고 많이 감동했습니다. 이번 훈련을 통해 우리 부대가 무엇을 잘하고, 무엇을 보완해야 하는지 명확히 알 수 있었습니다. 그리고 또 하나, 바로 우리가 함께라면 그 어떤 상황도 이겨 낼 수 있고, 어떤 임무도 해낼 수 있다는 자신감을 느끼게 되었습니다.

사후 검토 간에 일부 미흡한 점에 관한 내용이 있었는데 미리 발견해서 다행이라는 생각을 하며 긍정적으로 받아들이면 됩니다. 훈련을 잘 준비하고 실시한 것처럼 다 같이 잘 보완하여 한층 더 높은 전투태세를 갖추어 봅시다.

당부하고 싶은 것 두 가지를 전하겠습니다. 먼저, 이제는 정상으로 돌아갈 때입니다. 큰 훈련이 끝났다고 모든 것이 끝나는 것이 아닙니다. 오히려 훈련을 준비하면서 생략하거나 미뤄 둔 것을 잘 확인하고 해야 할 것들은 해야 합니다. 부대별로 다음 주부터의 일정을 잘 확인하여 정기적으로 해야 할 순기 업무를 놓치지 않길 바랍니다. 그리고 주변 전우들을 살펴보고, 잘 지냈는지, 어려움이 없었는지도 확인해야 합니다. 모두가 훈련에 집중하고 있을 때 누군가는 말 못 할 고민이 생겼을 수도 있습니다.

두 번째는 휴식입니다. 당장 오늘부터 모든 부대원들은 잘 쉬기 바랍니다. 제가 여러 번 강조했던 '할 때 팍, 쉴 때 푹!'의 의미를 잘 기억해야 합니다. 특히 지휘관들은 부하들이 알아서 잘 쉴 거라고 생각하면 안 됩니다. 쉬는 부대원들이 더 잘 쉴 수 있는 여건을 보장해야 합니다. 잘 쉬어야 하는 이유는 전투력을 보존해야 상황 발생 시 언제든 즉각 대응할 수 있고, 앞으로도 계속 우리의 임무를 잘할 수 있기 때문입니다.

이번 훈련 중에 국가중요시설 상공에 미상 드론이 있다는 신고가 들어와서 훈련을 진행함과 동시에 실제 상황 조치를 한 경우가 있었습니다. 상황이 잘 마무리되었지만, 훈련을 하는 중에도 우리의 기본 임무 수행에도 소홀할 수 없음을 확인한 사례였습니다. 우리는 우리의 임무를 언제든 수행할 수 있는 태세를 항시 갖추고 있어야 합니다. 지금까지 잘해 온 것처럼 하면 됩니다. 정말 고생했습니다.

여러분 모두를 사랑합니다.

여단장 편지 53(5월 넷째 주)

취임 후 1년을 돌아보며

지난주 훈련 이후 부대별로 정비와 단결 활동을 시행했는데, 모두가 잘 쉬었던 한 주이길 바랍니다. 이번 주에 미처 하지 못한 정비는 다음 주에도 실시하여 훈련했던 티를 벗어던지고 새롭게 시작할 수 있도록 잘 정리해 주기 바랍니다. 참고로 오늘은 제가 취임한 지 꼭 1년이 되는 날입니다. 지난 1년간 부족한 여단장을 잘 믿고 따라와 준 여단의 모든 부대원에게 감사의 말을 전합니다. 여단장으로서의 지난 1년은 시행착오와 부족함의 연속이었음에도, 많은 부대원이 잘 따라와 주었고, 조언도 아끼지 않았습니다. 이번 주에는 여러분 모두를 칭찬하고 싶습니다. 고맙습니다.

오늘 강조할 두 가지 중 첫 번째는 소통입니다. 제가 1년간의 지휘관 기간을 돌아보니 많은 것을 강조했지만 그중에서도 가장 중요하다고 생각되는 것 하나를 꼽으라면 소통을 꼽고 싶습니다. 소통에 대해서는 여러 번 강조했지만, 지금도 우리 여단에 가장 필요한 게 무엇이냐 물으면 그것 역시 소통이라고 답할 것입니다.

소통은 일방적인 것이 아니라 양방향으로 동시에 이루어져야 가능합니다. 모두가 귀를 열고 상대방의 말을 들으려 노력해야 하고, 모두가 자신의 처지를 구체적으로 말할 수 있어야 합니다. 여러분 중에서 여단장 또는 다른 상급자와 소통이 안 된다고 생각하는 사람이 있다면 아마 여단장이나 상급자의 노력이 부족한 경우도 있겠지만, 본인은 얼마나 노력했는지도 생각해 봐야 합니다. 그냥 저 사람이 알아서 내 입장이나 상황을 알아주고 도와주기만을 바랐다면, 안타깝지만 도움을 받기란 어려웠을 것입니다.

오늘 아침에도 저는 한 통의 메모를 받았습니다. 메모를 통해서 제가 몰랐던 부분과 앞으로 더 관심을 가져야 할 것들을 알게 되었습니다. 메모를 보내 준 부하에게 감사의 답장을 했습니다. 제가 우리 부대원 한 명 한 명을 모두 직접 만나기란 어렵고, 만난다고 하여도 그 짧은 순간에 일이 많은지, 쉬고 싶은지, 무슨 일이 있는지 알아채기란 어렵습니다.

그러니 핸드폰 문자, 메신저, 전화, 메일이나 메모 등 우리 주변의 다양한 수단을 통해서 알려 주기 바랍니다. 그러면 저도 여러분의 고민을 알게 되고 이야기해 줄 수 있습니다. 서로가 여러 수단을 통해 대화하는 것만으로도 아마 여러분 마음속의 답답함이 절반은 줄어들 것입니다.

두 번째, 우리의 약점을 신속하게, 그리고 확실하게 보완해야 합니다. 얼마 전 탁구 여제 현정화 선수의 인터뷰를 보았습니다. 그녀는 자신이 금메달을 딴 경기가 끝난 후에도 밤새도록 그 경기를 분석하고 미흡한 점을 찾아서 그것을 극복하기 위한 훈련을 거듭했다고 합니다. 그 이유는 다음 경기를 준비하기 위해서였습니다. 그 인터뷰를 보면서 우리도 역시 그래야 한다는 생각이 들었습니다.

지난주 큰 훈련을 했지만, 그것이 우리 훈련의 마지막이 아닙니다. 지난주 훈련은 우리의 약점을 파악할 좋은 기회였습니다. 그 기회를 놓치지 맙시다. 적들은 절대로 정직하고 신사적으로 도발하지 않습니다. 그들은 아마 지금 이 시각에도 우리의 허점을 간파하고 그 취약점을 파고들어 도발, 공격하려 할지 모릅니다. 다행히 지난주의 훈련을 통해 우리는 우리의 강약점을 파악할 수 있었습니다. 알게 된 강점은 강화하기 위해 노력하고, 약점은 보완하기 위해 노력해야 합니다. 이것이 바로 결전 태세를 확립하는 방법입니다.

내일은 부처님 오신 날입니다. 올해 부처님 오신 날의 봉축 표어는 '마음의 평화, 부처님 세상'입니다. 부처님의 가르침대로 온 부대원들의 마음에 평화가 가득하기를 기원합니다.

여러분 모두를 사랑합니다.

여단장 편지 54(6월 첫째 주)

지속 가능한 결전태세 확립

이번 한 주도 잘 보냈습니까? 저도 이번 주는 잘 쉬면서 즐겁게 보냈습니다. 부처님 오신 날로 인해 하루를 쉬었고, 화요일과 수요일은 사단 체육 대회에 참가하여 열심히 땀을 흘리고 응원도 하면서 지냈습니다. 목요일은 사무실에 앉아 부대 운영을 계획하고 준비하면서 차분하게 보낼 수 있었습니다. 이 모두가 각자의 위치에서 최선을 다해 주는 여러분이 있기에 가능했습니다. 우리 여단의 모든 부대원에게 감사의 말을 전합니다.

오늘은 지속 가능한 결전태세 확립에 대해 강조합니다. 지금까지 결전태세 확립에 대해서 여러 번 강조해 왔는데, 오늘은 지속 가능한 결전태세 확립에 관한 내용입니다. 일반 직장인이나 운동선수들은 할 때와 쉴 때가 분명하게 구분됩니다. 어떻게 보면 쉬는 동안 체력도 보충하고, 더 많은 연습과 훈련을 해서 다음을 준비하기도 합니다.

하지만 우리가 수행하고 있는 해안 및 주둔지 경계 작전은 365일, 24시간 내내 단 1분 1초도 쉬지 않고 이루어져야 합니다. 또 힘들고 피곤하다고 수행하는 작전의 횟수를 줄이거나 강도를 낮출 수도 없습니다. 그렇다면 어떻게 해야 우리가 수행하는 작전의 긴장감을 항상 유지할 수 있을까요?

 첫째는 휴식입니다. 혹시 우리 부대에 오랫동안 제대로 휴가를 나가지 않고 일을 열심히 하는 부대원이 있나요? 만약 그렇다면 그건 칭찬할 일이 아닙니다. 잘못된 것이기 때문입니다. 인간이 아닌 기계조차 쉬어야 할 때가 있습니다. 쉬어야 정비도 하고, 문제가 발생한 부분을 찾아 부품도 갈아 줄 수 있습니다. 하물며 인간이 하루도 쉬지 않고 무언가를 할 수 있을까요? 그 사람은 분명 업무에 집중하지 못했거나 가족, 친구, 취미, 행복 등 다른 어떤 것에도 관심을 가지지 못했을 것입니다.

 둘째는 매너리즘 타파입니다. 사전적 의미의 매너리즘이란 항상 틀에 박힌 일정한 방식이나 태도를 보임으로써 신선미와 독창성을 잃는 일입니다. 우리의 경계 작전도 마찬가지입니다. 지금 우리가 하는 경계 작전 체계가 100% 완벽하지 않습니다. 만일 지금까지의 경계가 너무나 완벽해서 적이 침투하지 못했다고 해도 이제는 적이 우리의 경계 작전 체계를 알고 새로운 침투 및 도발 방법을 고민하고 있을 수 있습니다.

 지난해 여름 아무 문제가 없었다지만, 올해 여름은 작년 여름과는 많은 점이 달라져 있을 것입니다. 지난해 경계 작전에 투입했던 부대원들도 많이 바뀌어서, 지금은 숙달되어 있지 않을 수 있습니다. 관광객이 더 많아질 수도 있고, 해무가 많이 끼어서 관측이 잘 안될 수도 있습니다. 아무것도 바뀐 게 없는 것이 아니라 우리가 보지 못하고 알지 못하는 것입니다. 항상 새롭게 보아야 합니다.

 다음 주 화요일은 현충일입니다. 현충일은 나라를 위해 싸우다 숨진 장병과 순국선열의 충성을 기리기 위해 정한 국가 추념일이며, 양력으로 6월 6일입니다. 목숨을 바쳐 나라를 구했던 선배 전우들을 기리는 현충일을 맞아 경건한 마음으로 군인으로서의 올바른 자세에 대해 생각해 보면 좋겠습니다. 6월은 호국 보훈의 달이기도 하지만 올해 전반기가 마무리되는 시기이기도 합니다. 여러분 모두 6월 한 달을 알차게 보내서 각자 계획했던 목표를 달성하기 바라고, 새로운 후반기를 준비하는 시간을 꼭 갖기 바랍니다.

현충일 노래는 지난해 현충일에도 강조한 바 있어 모두 알고 있을 것입니다. 올해에도 간부들을 포함하여 전 장병이 한 번씩 불러 보는 기회를 갖기 바랍니다.

여러분 모두를 사랑합니다.

여단장 편지 55(6월 둘째 주)

정성이 만든 성과

이번 주에는 RSOI 훈련이 있었습니다. RSOI란 수용(Reception), 대기(Staging), 전방 이동(On ward movement) 및 통합(Integration)의 영문 약자로 전쟁이 발발하게 되면 시행되는 연합군의 증원 절차를 말합니다. RSOI 관련 계획을 실제로 실행해 보는 이번 경험을 통해 작전사 및 사단 작전에서 우리 여단이 큰 역할을 담당하고 있다는 것을 알게 되었고, 우리도 전방 부대 못지않게 중요한 임무를 수행하고 있다고 자부하게 되었습니다. 이번 훈련에 주도적으로 참여한 부대원들 모두 고생하셨습니다.

오늘은 두 가지를 강조하겠습니다. 첫 번째는 '정성'입니다. 지난번 사단 체육 대회에서 우리 여단이 족구 종목에서 우승했습니다. 물론 우리 여단에 뛰어난 족구 실력을 갖춘 선수들이 많아서 우승했지만, 그중에서도 K중대의 윤○○ 병장의 일화를 소개하려고 합니다. 윤 병장은 평소에도 많은 운동을 즐겨 하긴 했지만, 족구에는 전문이 아니었습니다. 여단 족구 선수로 선발된 후에 어떤 간부가 더 잘하라는 의미에서 족구화를 빌려주었는데 윤 병장은 시합을 할 때까지 어디든 그 족구화를 가슴에 꼭 안고 다

녔다고 합니다. 기회가 되면 언제 어디서든 연습을 하기 위해서 말이지요.
 이런 일화도 있었습니다. 제가 군(軍) 생활을 처음 시작했던 1998년의 일입니다. 연대에서 공용 화기 집체 교육이 있었는데 실사격을 앞둔 우리 중대의 기관총 사수와 박격포 대원들이 취침할 때 기관총과 박격포를 꺼내서 침상 위에 올려놓더니 그 장비들을 껴안고 자는 겁니다. 당시에 그걸 본 저는 뭐 저렇게까지 하나 싶어서 의아하게 생각했습니다. 그런데 다음날 진짜 우리 중대원들은 하나의 실수 없이 우수한 성적을 거두었습니다.
 여러분에게 지금 이 일화를 소개하는 이유는 그들의 행동을 똑같이 하라는 의미가 아닙니다. 저는 이런 모습을 '정성'이라고 이야기하고 싶습니다. 지금 우리가 평상시에 업무를 할 때 어떤 마음가짐으로 하는지 돌이켜 봅시다. 단순히 기계적으로 업무를 하고 있지는 않습니까? 사람을 대할 때도 마음의 오고 감이 없이 단순히 업무적으로 대하고 있지는 않나요? 우리가 정성을 다해 업무를 수행하고, 사람을 대한다면 아마 결과는 그렇지 않을 때보다는 훨씬 좋아질 것입니다.

 두 번째는 배수 작전입니다. 최근 TV나 신문에서 장마에 대해 많은 보도가 나오고 있습니다. 일본에서는 이미 장마가 시작되었는데 강수량이 엄청나다고 합니다. 우리나라도 6월 말부터는 장마가 시작된다고 하고, 7월 한 달 내내 비가 온다는 예보도 있습니다.
 제가 부대 관리 중에 작전을 붙이는 것은 배수와 제설이라고 몇 번을 강조했습니다. 비가 많이 오거나, 눈이 많이 오면 그만큼 우리 군(軍)에 미치는 영향이 커서 대비와 조치를 잘해야 한다는 의미입니다. 지금은 배수 작전에 관심을 두고 대비를 해야 할 때입니다.
 지금까지 아무런 문제가 없었다고 해도 올해에도 아무 문제가 없으리라 장담할 수 없습니다. 부대별로 장마가 시작되기 전에 모든 주둔지를 잘 살펴보고, 배수로를 정비하고, 비가 새는 곳도 확인해서 보완하기 바랍니다. 여러분이 지금 준비하지 않으면, 다음에 진짜 비가 많이 올 때 비를 맞으며 작업을 해야 할 수도 있습니다.

또 한 가지, 지난주 강원도 양양에서 낙뢰로 사람이 사망하는 사건이 있었습니다. 아마 우리 중에 벼락이 위험하다는 것을 모르는 사람은 없을 것입니다. 안타깝게도 당시 그곳에는 대비할 수 없을 정도로 갑작스러운 뇌우가 쏟아졌다고 합니다. 이처럼 자연재해는 우리 인간이 대비할 만큼의 충분한 여유를 주지 않습니다.

기상 이변에 대해서는 현장에서 판단해서 스스로 조치할 수 있어야 합니다. 여단 주둔지에서는 멀리 떨어져 있는 현장의 실시간 날씨를 바로 알 수가 없습니다. 야간 기동 순찰이나 취약지 전개 작전 등 현장의 기상에 대해서는 해당 작전 팀만 정확히 할 수 있습니다. 기상 이변에 대한 조치는 선 조치, 후 보고임을 다시 한번 강조합니다.

이제 6월도 어느덧 절반이 지나갔습니다. 통상적으로 때가 되면 하는 업무를 순기 업무라 합니다. 주간, 월간, 분기, 반기, 연간 업무 등의 순기 업무가 있는데 6월 말이 되면 6월 한 달의 업무도 마무리해야 하고, 2분기가 끝나는 시점이므로 분기 업무도 마무리해야 하고, 올해의 전반기가 끝나니 반기 업무도 마무리해야 합니다. 그만큼 중요한 시기이니 개인 또는 부대별로 남은 2주를 알차게 보내서 잘 마무리하고, 새로운 7월을 맞이하기 바랍니다.

여러분 모두를 사랑합니다.

> 여단장 편지 56(6월 셋째 주)

이제 Why to Fight를 고민할 때

이번 주에는 6월 25일이 포함되어 있습니다. 1950년 6월 25일 새벽, 북한은 아무런 선전 포고 없이 기습적인 남침을 했고, 그 결과로 70여 년이 지난 지금까지도 우리는 남과 북으로 대치한 채 살고 있습니다. 당시 수많은 선배 전우들이 자신의 소중한 목숨을 바쳐 싸운 덕분에 지금의 우리가 있을 수 있다고 생각하며, 다시 한번 선배 전우들에게 고개 숙여 감사한 마음을 전해 봅니다. 그리고 만약 지금 이 시각에 우리 영토에 그 누구라도 침범한다면 목숨 바쳐 싸우겠다고 다짐해 봅니다.

얼마 전 김관진 국방혁신위원장은 한 언론사와 인터뷰를 통해, AI 첨단무기가 개발되고 전쟁 양상이 바뀌어 가는 상황이지만 선명한 대적관, 강인한 전투의지 등의 정신 전력이 여전히 중요하며, 무기체계는 얼마든지 바뀔 수 있지만 누가 적인지를 바로 알고, 싸우겠다는 의지가 있어야 과학기술의 발전과 함께 대두될 새로운 무기체계로 어떻게 싸울지가 의미가 있다고 말한 바 있습니다.

저는 이 인터뷰 기사를 보고 많이 공감했습니다. 정신 전력이 갖추어지지 않으면 전쟁에서 승리하는 것은 불가능에 가깝습니다. 내가 왜 싸울지가 분명하지 않고, 내가 싸워야 할 이유를 알지 못하면 싸움 자체를 하지 않기 때문입니다. 반대로 강한 전투 의지와 정신력이 있다면 6·25전쟁 당시의 선배 전우들처럼 열악한 환경에서도 목숨을 바쳐 나라를 지켜낼 수도 있는 것입니다.

과연 지금도 전쟁이 발발하면 장병들 스스로가 목숨을 바쳐 싸울 수 있을까요? 간부들은 한번 곰곰이 생각해 보아야 합니다. 이제는 왜 싸우는지에 대해서도 명확한 인식을 해야 하고 이것을 어떻게 신념화시킬지 고민해야 할 때입니다.

그러면 어떻게 해야 '내가 왜 목숨까지 바쳐 가면서 싸워야 하는지'를 신념화할 수 있을까요? 여러 가지가 있겠지만 제가 생각하기에 가장 현실적이고 지금 당장 할 수 있는 방법은 교육과 훈련이라고 생각합니다. 교육과 훈련을 통해서만이 우리가 왜 싸우는지를 분명히 알 수 있게 하고, 이러한 것이 반복되어 신념화가 된다면, 그 이후에 스스로가 어떻게 싸울지를 고민하게 됩니다.

우선 간부들부터 군인으로서의 사명감을 바탕으로 부지런히 교육과 훈련을 반복해서 이를 신념화해야 합니다. 선명한 대적관을 가지기 위해 노력하고, 강한 전투 의지를 고양해야 합니다. 여러분이 그렇게 해야 여러분의 부하를 지도하고 지휘할 수 있습니다.

다음 주 시간 계획을 보니 전역 신고, 전입 신고, 전출 신고, 전보 신고, 진급 신고, 입교 신교 등 많은 신고가 계획되어 있습니다. 이 편지에 모든 이들을 소개하고 그들이 우리 군(軍)의 발전에 이바지했던 것들을 하나하나 소개하지 못해 아쉽습니다. 먼저 우리 여단을 떠나는 모든 분에게 그동안 고생 많았고, 앞으로 꼭 건강하고 행복한 삶이 되기를 기원한다고 이야기하고 싶습니다. 아울러 우리 여단으로 전입해 오는 모든 분에게는 우리 여단의 일원이 된 것을 환영하고, 앞으로 생사고락을 함께하는 전우가 되겠다고 약속드리겠습니다.

일기예보를 보니 오늘부터 제주를 시작으로 본격적인 장마가 시작되나 봅니다. 지난주에도 강조했듯이 호우에 잘 대비하여 피해가 없도록 하기 바랍니다. 자연재해는 예방이 최우선이고, 필요시에는 선 조치 후 보고하여 피해를 최소화하는 것이 필요합니다.

여러분 모두를 사랑합니다.

여단장 편지 57(6월 넷째 주)

멈춤 없이 나아가기

여러분은 연평해전을 기억하나요? 지난 2002년 6월 29일, 서해 연평도 근처 NLL 일대에서 북한군의 기습포격으로 인해 발생했던 제2연평해전에서 우리는 북한군에게 치명적인 손상을 입혔지만, 그 과정에서 우리 해군도 6명이 전사하고, 고속정 한 척이 침몰했습니다. 2002년이면 벌써 20년도 더 지난 것이라 감흥이 오지 않는 부대원들도 있을 것입니다.

그러나 우리가 잘 싸우기 위해서는 과거의 전쟁이나 전투 사례를 공부해야 하듯이, 연평해전에 대해서도 당시의 상황을 알아야 하고, 이해하고, 대비해야 합니다. 이는 우리가 북한의 도발 의지와 양상을 살펴보고, 우리의 마음가짐을 단단히 하는 방법이기도 합니다. 이 자리를 통해 당시 전사하신 선배 전우들의 명복을 빌며, 저 역시 목숨 바쳐서라도 우리의 영토를 지키겠노라고 다짐해 봅니다.

오늘은 6월 30일입니다. 우리 여단의 모든 장병 및 군무원, 예비군 여러분 모두 전반기 동안 고생 많았습니다. 여러분들이 부대 또는 부서, 개인별로 많은 시간과 노력을 투자하여 이루어낸 성과로 지금의 우리 여단이 있습니다. 돌이켜 보면 우리는 항상 인원이 부족하고, 물자와 장비도 부족한데 해야 할 일은 많았던 기억이 가득합니다. 그럼에도 불구하고 여러분 모두가 긍정적인 마음으로 각자의 위치에서 제 역할을 잘 수행하여 큰 문제 없이 성과도 달성하고, 결전태세도 확립할 수 있었습니다.

후반기에도 우리가 넘어야 할 도전 요소들이 많이 있습니다. 앞으로도 인력, 장비, 물자가 부족할 수 있으며, 시간도 촉박할 수 있습니다. 그러나 그러한 것에 실망하여 주저앉지 말고 나아가야 할 방향을 정확히 인식한 채 최선을 다하여 주어진 역할을 수행해 줄 것을 당부합니다. 그것이 바로 우리가 해야 할 임무이고 사명입니다.

올해의 후반기를 맞이하면서 우리 여단의 모든 장병과 군무원, 예비군 모두에게 어떤 메시지를 전해 줄지를 고민해 보았습니다. 고심 끝에 내린 결론은 '계속 나아가자'입니다. 지금까지 잘해 왔지만, 여기에 머무르지 않고 계속 성장하기 위해서는 계속 나아가야만 하기 때문입니다. 지난 1년여간 여단장의 편지에서 언급되었던 여러 강조 사항을 되짚어 보니 가장 많이 언급되었던 것이 '소통', '결전태세 확립', '안전', '할 땐 팍, 쉴 땐 푹'이었습니다.

그만큼 중요하고 당연하기에 많이 강조했었지만 지금도 여러분에게 또 한 번 강조할 수밖에 없습니다. 다만 오늘 편지에서는 그 내용을 다시 짚어 가며 하나하나 풀어서 설명하지는 않겠습니다. 오늘은 여러분들 모두가 제가 그동안 강조했던 내용을 곱씹어 보면서 개인적으로 전반기 성과를 분석하고 후반기를 계획하는 시간을 갖기 바랍니다.

다음 주 우리 여단의 전반기 성과 분석 회의는 통상적인 성과 분석 회의와 달리 초빙 강연을 준비했습니다. 초빙 강사인 조서환 님은 마흔네 번째 여단장 편지에서도 소개한 적이 있습니다. 참석하는 사람들은 여단장 편지에서 언급한 내용이나 인터넷 검색 등을 통해 사전 지식을 가지고 오는 것이 더 좋을 것 같습니다. 시간과 공간의 제약으로 모든 사람이 참여할 수는 없겠지만 가용한 인원들은 참석해서 강연을 듣고 각자 부대로 돌아가 느낀 바를 전우들에게 잘 전달해 주기 바랍니다. 내일부터 시작되는 후반기에도 모든 부대원들이 건강하고 행복한 시간을 보내길 기원합니다.

여러분 모두를 사랑합니다.

Chapter 3. 부대원과 함께 계속 전진, 또 전진

여단장 편지 58(7월 첫째 주)

군 생활 잘하는 방법, 경험

　이번 주 월요일 여단 전반기 성과 분석 회의는 조서환 회장님의 강연으로 더 큰 의미가 있었습니다. 성과 분석 회의 간 전반기의 잘잘못을 따지고, 후반기 계획을 하나씩 짚어 가면서 강조하는 것도 필요하겠지만, 그런 부분들은 다른 방법으로도 할 수 있기에 이번에는 주요 직위자를 대상으로 초빙 강연을 포함하여 진행하였습니다.
　저도 그분의 책을 여러 번 읽어 보면서 성공 과정에 감탄했는데, 직접 뵙고 강연을 듣고, 직접 대화도 나누어 보니 책을 읽을 때보다 훨씬 큰 감동으로 다가왔습니다. 회장님의 말씀대로 스스로 동기를 부여할 줄 아는 셀프 모티베이터가 되어 올 한 해를, 아니 여러분의 인생을 의미 있게 만들기 바랍니다.

　오늘은 '경험'에 관한 생각을 전하려고 합니다. 먼저 상대방의 경험을 존중하고 받아들일 줄 알아야 합니다. '꼰대', '라떼' 이런 말을 많이 들어 봤을 텐데 그 단어들은 통상 회사나 직장에서 상급자를 비꼬는 말입니다. 이렇게 사회에서는 젊은 직장인들이 상급자나 직장 선배의 조언을 우습게 생각하거나 무시하는 경향이 있다는 기사를 보았습니다.

혹시 여러분도 상급자나 주변 사람들이 과거의 경험을 바탕으로 업무 지시를 하거나 조언을 하면 덮어놓고 부정적으로만 인식하는 경우가 많이 있나요? 물론 상급자가 근거도 없이 단순하게 "예전에는 말이야" 하면서 말도 안 되는 억지를 부리는 옛날이야기를 하면 안 되겠지만, 경험에서 우러나오는 진정한 조언까지도 무시하면 안 됩니다.

경험이 많다는 것은 어떤 일의 과정과 결과를 대부분 알거나 예측할 수 있다는 것이고, 그 이유는 그 사람도 그 일을 하면서 많은 실수와 실패를 통해 깨우치기를 반복했기 때문입니다. 만약에 여러분이 겪을 수 있는 실수와 실패를 다른 사람을 통해 쉽게 해결책을 배운다면 그 얼마나 좋은 방법입니까? 우리가 역사를 공부하고, 저명인사의 책을 읽고, 인터넷에서 좋은 강의를 찾아 듣는 것도 모두가 그 사람의 경험을 전수받아 나의 삶이나 일에 적용해서 인생에서 마주할 수 있는 다양한 문제를 조금 더 쉽게 해결해 보기 위함이 아닐까요?

특히 군(軍)에서 경험은 매우 중요합니다. 프랜차이즈 커피숍에 취직한 아르바이트생은 경험이 없어서 느릴 수는 있지만 세세하게 적혀 있는 레시피를 보면서 여러 가지 음료를 쉽게 만들어 낼 수 있습니다. 하지만 군대는 그렇지 않습니다. 부대가 처한 환경에 따라 경우의 수가 아주 많기 때문입니다. 싸우는 방법이 잘 정리된 교범을 보더라도, 실제 싸울 장소와 대상에 따라 그 방법이 완전히 바뀌기도 합니다. 그래서 부대에 경험이 많은 사람이 있다면, 혹시 그 사람의 계급이 낮더라도 인정할 줄 알아야 하고 조언을 구해야 합니다.

예를 들어 저는 여단 내에서 계급이 가장 높고, 군(軍) 생활도 길게 했다고 할 수 있지만, 해안 경계 작전의 어느 한 지역이나, 어떤 시설물 하나하나에 대해서는 1년 이상 한곳에서 복무한 병장이 저보다 더 잘 알 수도 있다는 것을 인정합니다. 만약 그 병사가 담당한 부분에 대한 의견을 제시한다면 저는 그의 의견을 존중할 수밖에 없습니다.

그렇다고 경험에만 의존해서 업무를 수행하면 안 됩니다. 통상 우리는 처음 일을 시작할 때 누군가가 했던 것을 반복하려는 경향이 있습니다. 그 이유는 그렇게 해야 안전하고 정답이라고 생각하기 때문입니다. 물론 과거의 경험을 찾아보는 것은 중요합니다. 하지만 아무런 고민 없이 과거의 경험을 현재에 그대로 적용하면 그 결과가 어찌 될지는 아무도 모릅니다.

우리는 이미 많은 경험을 가지고 있습니다. 지난 전반기 동안만 해도 혹한기훈련, 화랑훈련 및 전투지휘검열 등을 비롯한 대부대 훈련, 전술훈련 평가, 각종 검열 및 점검, 우리 자체적으로 했던 다양한 업무도 있습니다. 하지만 이와 같은 경험을 해 보았다고 해서 다음번에 같은 훈련이나 업무 상황이 주어졌을 때 지난 경험과 똑같이 적용하면 완벽한 성과가 있을까요?

여기서 미국의 유명한 철학자이자 교육자인 존 듀이(John Dewey, 1859~1952)의 말을 소개하고 싶습니다.

우리는 경험으로부터 배우지 않습니다. 우리는 경험을 반성하는(되돌아보는) 것으로부터 배웁니다.

반추라는 말이 있습니다. 소가 되새김질을 하는 것을 반추라고 하는데 말 그대로 우리도 역시 경험을 다시 씹어 보아야 합니다. 좋았던 경험도 시간이 지나면 흐릿해지고, 잘못된 경험이 시간이 지나면 좋은 것으로 기억될 수도 있습니다. 경험을 곰곰이 되짚어 봐야 진정 내 것이 되고, 그렇게 해야 현재 이 상황에 적용해도 되는지를 판단할 수 있습니다. 경험은 존중하되 그 경험을 적용하기 전에 한 번 더 생각해 보는 건 어떨까요?

여러분 모두를 사랑합니다.

여단장 편지 59(7월 둘째 주)

군 생활 잘하는 방법, 노력

어젯밤에는 여단 작전 지역에 100mm가 넘는 비가 쏟아져 일부 소초에는 물이 새고, 강풍으로 나무가 쓰러지기도 했으며, 지금도 창밖에 비가 많이 오고 있습니다. 주말까지 많은 비가 예보되어 있으니 모든 부대가 대비를 잘해서 큰 피해가 없기를 기원합니다.

얼마 전 신임소대장 중 한 명이 저에게 군(軍) 생활을 잘하는 방법이 무엇인지를 물어보았습니다. 갑작스러운 질문을 받고 곰곰이 생각하다가 답변한 세 가지는 경험, 노력, 의지였습니다. 경험의 중요성에 대해서는 지난주에 이야기했고, 오늘은 노력에 대한 생각을 전하겠습니다.

노력, 국어사전에는 '목적을 이루기 위하여 몸과 마음을 다해 애를 씀'이라고 되어 있습니다. 성공을 위한 필수 코스와 같이 여겨질 정도로 노력은 누구나 강조하는 것입니다. 그럼 얼마나 노력해야 하는지를 물어본다면 저는 '될 때까지!'라고 말합니다. 너무 단순한가요? 하지만 무언가를 잘하는 방법은 뛰어난 천재가 아닌 이상 엄청나게 좋은 비법이 있는 것 같지는 않습니다. 될 때까지 하면 됩니다.

예를 들어 보겠습니다. 요즘 서점에 가면 영어 관련 교재가 수두룩하고, 인터넷을 찾아보면 나름 영어로 성공했다는 유튜버 강사들도 엄청나게 많습니다. 그들 중에 어떤 이는 문법을 공부하라고 하고, 어떤 사람은 듣기가 중요하다고 하고, 또 다른 사람은 좋아하는 미국 드라마를 보라고 합니다.

도대체 누구의 말이 맞을까요? 제가 볼 때는 모두의 방법이 다 맞습니다. 어떤 방법이든 자신의 적성에 맞는 방법을 찾아서 처음부터 끝까지 꾸준히 하면 누구나 영어를 잘할 수 있습니다. 그런데 왜 우리는 영어를 못 할까요? 그저 될 때까지, 끝까지 노력을 안 했기 때문입니다.

이것을 우리에게 적용해 보겠습니다. 제 경험으로는 군(軍) 생활 중에 어떤 임무를 수행하다 장벽에 봉착했을 때, 방법이 없어서 못 하는 건 거의 없었던 것 같습니다. 지난주 이야기한 것처럼 많은 선배님들이 경험을 통해 웬만한 좋은 방법을 찾아 놓았기 때문입니다. 다만 현재의 상황에 맞게 적용하고 끝까지 마무리하는 노력이 필요할 뿐입니다.

그 장애물을 해결해 나가는 과정은 정말 재미가 없을 수도 있습니다. 아주 지루하고 단순할 수도 있습니다. 그렇기에 포기하기 쉽습니다. 하지만 끝까지 참아 가면서 묵묵히 한다면 누구든지 최종적인 목표를 달성할 수 있습니다. 그리고 그런 과정을 여러 번 반복하다 보면 다음에는 더 빠르게 그것을 해결할 수 있고, 좀 더 효과적인 방법이나 발전된 내용이 포함될 수 있습니다. 즉 잘하는 사람이 되는 것입니다.

다시 한번 말하지만 무언가를 잘하게 되는 것은 그 사람이 특별히 똑똑하게 타고나서가 아닙니다. 단지 먼저 시작했고, 목표를 이루기 위해 더 큰 노력을 쏟았기 때문입니다. 그래서 노력이 중요합니다.

비가 많이 오는 장마철입니다. 비가 많이 오면 우리 주변에 관리해야 할 부대 관리 소요가 많아집니다. 작전 수행도 제한되는 경우도 많이 있습니다. 이번 장마는 예전처럼 일정 기간 계속 오는 게 아니고 하루에도 몇 번씩 기상 예보가 바뀌고, 어느 순간 감당할 수 없을 정도로 비가 오다가 갑자기 해가 쨍쨍 비추기도 하는 등 양상이 많이 바뀌었습니다. 예측이 어렵다고 하더라도 우리는 대비할 수밖에 없습니다. 오늘은 퇴근하기 전에 다시 한번 잘 살펴보고 조치하기 바랍니다. 우리가 생활하는 주둔지 외부는 물론 건물 하나하나, 생활관 내부까지도 잘 점검하여 안전하게 이 장마를 이겨 냅시다.

여러분 모두를 사랑합니다.

여단장 편지 60(7월 셋째 주)

군 생활 잘하는 방법, 의지

먼저 이번 집중 호우로 큰 피해를 본 많은 국민이 빠른 복구로 일상을 되찾기를 기원합니다. 여러분도 그저 남의 일이려니 하지 말고 그분들의 어려움에 대해 공감을 하고 함께 마음을 모아 주기 바랍니다. 우리가 그들을 공감해야 진심으로 위로할 수 있으며, 지금 하는 피해 복구 작전을 더욱 충실히 수행하는 동기 부여가 될 수 있습니다.

지난 호우에 우리 지역도 총 128개소의 피해가 있었습니다. 다행히 큰 피해가 아니었고, 가장 큰 피해를 당한 지역은 우리 부대원 백여 명이 파견돼 복구 작전을 수행하기도 했습니다. 현장을 방문했을 때, 우리 부대원들이 남의 일이라고 생각하지 않고 진지한 표정으로 일하는 모습을 보았습니다. 전문적이지는 않지만 배운 대로 적극적이고 성실하게 임무를 수행하는 모습을 보고 공무원분들과 지역 주민들도 엄청나게 칭찬하셨습니다. 작전에 참여한 모든 부대원에게 감사하며, 이런 모습이야말로 우리 군(軍)이 국민에게 좀 더 다가가고 믿음을 줄 기회가 아닌가 하는 생각을 해 보았습니다. 정말 고생했습니다.

이번 주는 경험, 노력에 이어 제가 생각하는 군(軍) 생활을 잘하는 세 번째 방법인 의지에 대해서 이야기하려고 합니다. 당연할 수도 있지만 훌륭한 경험이 있고, 노력이 중요하다고 아무리 이야기한들 결국은 이런 것들을 해내고자 하는 의지가 없으면 아무것도 될 수 없습니다.

금연과 체중 감량을 예로 들어 보겠습니다. 여기 담배를 끊으려는 사람이 있습니다. 그 사람은 이미 금연이 몸에 좋다는 것도 알고, 주변 사람들도 끊으라고 권유했을 것입니다. 하지만 본인이 해내겠다는 의지가 없으면 한 모금을 못 참고, 결국 금연은 실패할 수밖에 없습니다.

체중 감량도 마찬가지입니다. 우리는 날씬하고 탄탄한 몸이 보기에도 좋고 건강에도 좋다는 것을 알고 있습니다. 그리고 심지어 먹는 음식량을 조절하고, 운동을 꾸준히 하면 살이 빠진다는 것도 누구나 알고 있습니다. 하지만 그 과정을 누구나 참고 견뎌 내는 것은 아닙니다. 의지가 없으면 실패하고야 맙니다.

군(軍) 생활을 잘하고자 하는 사람에게도 가장 중요한 것은 잘하고자 하는 마음, 힘들어도 끝까지 하겠다는 의지입니다. 이 글을 읽는 여러분도 앞서 제시한 금연이나 체중 감량 등을 포함해서 자기 개인적인 분야나 업무적인 부분에서 무언가를 하고자 하는 노력을 해 본 적이 있을 것입니다.

그중에는 성공한 것도 있고, 실패한 것도 있을 텐데 혹시 그 원인은 어디 있다고 생각하나요? 혹시 그 원인이 주변에 있다고 생각하지는 않았나요? 물론 그랬을 수도 있지만 먼저, 자신의 의지가 약해 흔들리거나 중간에 멈춘 적이 없는지 살펴봅시다. 잘하고자 하는 의지에서부터 시작해서 방법을 찾아보고, 그것을 끝까지 해 보는 것이 무언가를 이루어 내는 순서입니다.

편지를 작성하던 중에 상급부대로부터 다른 여단 지역의 호우 피해 복구 작전을 지원하라는 명령을 받았습니다. 이에 여단에서는 지원 부대 편성을 위한 회의를 시작했습니다. 아마 여러분들 중에 갑자기 왜 우리가 우리 작전 지역도 아닌 곳으로 피해 복구 작전을 가야 하는지 의아해하는 사람도 있을 것입니다. 그러나 이럴 때 군(軍)의 임무와 역할에 대해 다시 생각해 보면 됩니다.

우리는 365일, 24시간 언제든 임무가 있으면 불편함과 어려움을 감수하며 임무를 수행해야 합니다. 힘들 수도 있지만, 군인이기에 해야 하고, 그것이 국가와 국민을 보호하는 것이라면 더더욱 그렇게 해야 합니다. 또, 그 대상은 따로 정해져 있지 않습니다. 모든 국민이 우리가 도와줄 대상입니다.

이번 주말부터 많은 부대원이 호우 피해 복구 작전에 임하게 될 텐데 각 부대에서는 사전에 준비를 철저히 하고, 실시간 현장에서 안전한 가운데 작전이 되도록 통제하기 바랍니다. 여러분의 땀방울 하나하나가 국민의 희망이 되고, 군(軍)에 대한 믿음이 될 것입니다. 저도 현장에서 함께하겠습니다.

여러분 모두를 사랑합니다.

여단장 편지 61(7월 넷째 주)

우리는 현장에서 함께한다

　지난 주말을 포함하여 오늘도 호우 피해 복구 작전에 여념이 없는 부대원들에게 격려의 말을 전합니다. 평소 농촌 일은 경험이 거의 없는 상황임에도 현장에서 구슬땀을 흘리며 진지한 표정으로 복구 작전을 하는 여러분의 모습은 정말 감동적이었습니다. 현장에서 지켜보시는 지역 주민분들도 굉장히 고맙다며 감사의 말을 전하셨습니다.

　주말 작전, 조기 기상 등으로 평소의 생활 리듬이 깨져서 더 피곤했을 상황인데도 모두가 현 상황을 이해하고 한마음으로 작전에 참여해 주어 더 좋은 결과가 나타났습니다. 뜨거운 태양 아래 진흙을 묻혀 가며 힘들게 작전하는 중에도 긍정적인 태도와 밝은 표정을 잃지 않는 모습을 통해 국민들은 더욱 힘을 얻을 수 있고, 그분들이 우리 군(軍)을 자랑스럽게 여길 수 있었습니다.

　아울러 현장에는 없었지만 부족한 인원으로 주둔지 경계 및 5분 전투대기 부대 임무를 수행하고, 물자 보급, 취사 등 현장을 지원해 준 부대원들 역시 고생했다는 말을 전하고 싶습니다. 우리 모두는 역할은 달랐지만 모두 다같이 작전에 투입한 것입니다.

　피해 복구 작전은 다음 주 중반이면 모두 종료될 예정입니다. 각 부대에서는 부대원들이 충분한 휴식을 취할 수 있도록 보장하고, 정비 시간도 부여하기 바랍니다. 아울러 복구 작전 관련 혜택들이 작전에 참여한 모든 사람에게 골고루 적용될 수 있도록 행정 정리 또한 누락 없도록 관심 가져 주기 바랍니다.

오늘은 두 가지를 강조하겠습니다. 다시 소통입니다. 우리나라 속담에 무소식이 희소식이라는 말이 있습니다. 말 그대로 아무런 소식이 없다는 것은 잘 지내고 있다는 말이니 곧 기쁜 소식이나 다름없다는 의미입니다. 그런데 이 속담은 군대에서만큼은 통하지 않는다고 생각합니다. 아무런 소식이 없는 경우를 우리 병영에 적용하면 답은 딱 두 가지라고 할 수 있습니다. 관심이 없거나, 알고도 보고를 안 하거나!

이를 현실에 적용해 보면 부하들은 상급부대 지휘관의 의도와 방향에 대해서도 알지 못하는 것이고, 지휘관들은 자신의 부대원들이 잘 먹고, 잘 자는지, 어디가 아프거나 불편한지를 모르는 것이고, 인접 부대에서 무엇을 어떻게 하고 있는지도 모르는 것입니다. 조금 더 심각하게 말하면 이미 발생한 사건 사고를 덮어 버리고 쉬쉬한다든지, 부하들의 어려움을 보고받고도 혼자 알고 있는 경우도 무소식이라고 할 수 있습니다.

소통은 다양한 방향과 다양한 채널, 다양한 방법으로 해야 합니다. 그것도 아주 적극적으로 해야 합니다. 다양한 방향이란 저를 기준으로 상급자, 인접 동료, 하급자 등 상하좌우 어느 방향으로든 소통해야 한다는 것입니다. 다양한 채널이란 제가 직접 하든, 참모를 통해서 하든, 주임 원사를 통해서 하든, 방첩 부대나 다른 지원 부대를 통해서 하는 것입니다. 다양한 방법이란 얼굴을 맞대고 대화를 하든, 문서로 하든, 전화로 하든, 문자로 하든 여러 가지 방법으로 해야 한다는 것입니다.

소통은 내용도 제한이 없습니다. 사소한 것인지 아닌지를 미리 판단할 필요도 없습니다. 그것은 듣는 사람이 정하는 것입니다. 좋은 것이든 안 좋은 것이든 가리지 말아야 합니다. 소통해야만 좋은 것인지, 나쁜 것인지 알 수가 있고, 그것을 처리할 수 있습니다. 소통의 시기는 빠를수록 좋습니다. 생일도 지난 다음에 축하한들 무슨 소용이 있겠으며, 좋지 않은 일은 시간이 지날수록 수습하기도 어렵습니다.

앞으로 우리 여단에서는 무소식이 희소식이라는 말을 절대로 적용하지 말기 바랍니다. 저는 여러분이 어떻게 지내는지, 어디 불편한 게 없는지, 제가 무엇을 해 주길 바라는지 항상 듣고 싶습니다.

두 번째는 폭염 대비 부대 운용입니다. 나라 전체에 큰 피해를 주었던 장마가 거의 끝나는가 싶더니 이번에는 폭염이 찾아왔습니다. 뜨거운 열기도 맨몸으로 맞아 무조건 이겨 내는 것이 아니라 적절하게 대비해야 합니다.

지휘관들은 평일이든 휴일이든 외부 온도를 항상 체크하고, 뜨거운 낮 시간대 외부 활동을 하는 부대원들을 항상 머릿속에 넣고 있어야 합니다. 해안선에서 작전하는 부대원들, 위병소에서 경계 작전을 하는 부대원들, 주둔지 일대에서 제초 작업을 하는 부대원들, 뜨거운 열을 만지며 일하는 취사장의 조리병들, 주말 낮에 풋살을 하는 부대원들까지 모두가 이상이 없는지, 필요하면 직접 확인도 하고, 조치도 해야 합니다.

그렇게 하기 위해서는 현장을 알아야 합니다. 해안선 수색 정찰을 함께 해 봐야 뜨거운지 안 뜨거운지를 알 수 있고, 한낮에 위병소에 두 시간 동안 서 있어 봐야 이 시간이 적당한지 줄여야 하는지 판단할 수 있습니다. 예초기를 등에 짊어지고 제초 작업을 해 봐야 덥기도 하고 무겁기도 하다는 것을 느낄 수 있습니다.

  또한 부대원 중에는 추위보다 더위에 약한 사람이 있을 수도 있습니다. 일정 부분은 적응을 통해서 나아질 수도 있지만, 근본적인 체질은 바뀌지 않으므로 사람 하나하나 특성을 잘 보고 적절한 임무와 휴식을 부여해야 합니다. 제가 모든 부대 활동에 대해서 세세하게 예시를 제시할 수는 없습니다. 부대별로 피해 복구 작전, 경계 작전, 주둔지 관리 등 다양한 환경에서 우리 부대원들이 열에 의해 다치지 않도록 특히 관심을 두고 조치해 주기 바랍니다.

  전반기가 끝나면서 후반기를 잘 보내자고 한 게 얼마 지나지 않은 느낌인데 벌써 7월이 다 지나갔습니다. 이번 한 달간 모든 부대에서 각자의 임무와 역할을 잘 수행했습니다. 고생 많았습니다. 다음 주는 벌써 8월입니다. 앞서 말한 것처럼 8월에는 뜨거운 폭염이 예상되고, UFS 연습과 예비군 훈련을 포함한 다양한 훈련도 예정되어 있습니다. 8월에도 우리 모두가 더위에 잘 대응하면서 안전하고 성과 있게 부대 업무를 추진하고, 각자 자신의 개인 목표를 이루기를 기원하겠습니다.

  여러분 모두를 사랑합니다.

여단장 편지 62(8월 첫째 주)

좋은 간부가 되고 싶다면

지난 7월 중순부터 시작한 집중 호우 피해 복구 작전이 종료되었습니다. 그동안 직접 작전에 참여한 부대원은 물론 주둔지에 잔류하여 피해 복구 작전을 지원하고, 해안 경계 작전 등 현행 업무를 수행한 부대원들 모두에게 수고했다는 말을 전합니다. 이번 작전을 통해 우리 여단의 저력을 다시 한번 알게 되었습니다. 찌는 듯한 더위에 아랑곳하지 않고 적극적으로 임하는 모습은 국가와 국민을 위해 희생할 줄 아는 진정한 군인 그 자체였습니다. 앞으로 언제 어디서든 어떠한 임무라도 여러분과 함께라면 이루어 낼 수 있겠다는 믿음이 더 커졌습니다.

오늘은 간부의 역할에 대해 강조하겠습니다. 이번 호우 피해 복구 작전은 간부들의 역할에 대해 제대로 이해하고 보여 준 좋은 사례였습니다. 작전 간 간부들은 숙소에서 부대원들보다 먼저 기상하여 출근해서 병력의 특이 사항을 확인하고, 작전에 대한 준비 상태를 점검했습니다. 작전 지역에 도착해서도 먼저 현장을 확인하여 위험 요소를 점검하고, 구체적인 작업 내용을 파악해서 부대원들에게 교육하고, 작전 실시간에는 현장에 동참하면서 함께 땀을 흘렸습니다. 쉬는 시간마다 부대원들의 건강 상태를 체크하거나, 자신의 쉬는 시간을 줄이면서 다음 작업 내용을 고민하기도 했습니다. 점심 식사 시간에도 배식 장소를 미리 준비하고, 손부터 씻도록 안내한 후에 병력들의 식사량도 확인하고, 부하들이 식사하는 것을 본 후에 식사를 시작했습니다. 작전이 종료된 뒤에도 일부 간부는 현장에 남아 다음 날 작전 지역을 점검하고, 구체적인 작업 방법을 구상한 후에 복귀하였습니다.

　몇 가지 예를 들었지만 실제로는 이것보다 더 많은 분야에서 여러 간부가 솔선수범의 자세를 보여 주었고, 이러한 적극적인 지휘 활동이 있었기에 한 건의 사고도 없이 성과 있는 작전이 될 수 있었습니다. 아마 많은 부대원이 솔선수범하는 간부의 모습을 보면서, 자신들보다 더 바쁘고 힘들지만 모든 현장에서 함께하며 적극적으로 나서는 모습에 감동했을 것입니다. 아마 딱딱하기만 한 지휘 관계가 인간적인 신뢰의 관계로까지 발전할 수 있지 않았을까 생각합니다.

　만일 이번 수해 복구 현장에서 간부들이 힘들고 고된 작업은 부하들에게 미루고 그늘만 찾아다니며 쉬다가 식사 시간이 되면 배가 고프다고 맨 앞에 서서 밥을 먹고 부하들은 어디에서 배식을 받는지 몰라 우왕좌왕하고 있는데도 신경 써 주지 않았다면 어땠을까요? 물론 부대원들은 겉으로는 아무 말 하지 않고 간부의 지시에 따라 본인에게 주어진 과업을 했을 것입니다. 그러나 수해 복구 완료라는 결과는 같을지 모르지만 내부의 속사정은 전혀 달랐을 것을 우리는 예상할 수 있습니다.

　사실 군에서 지휘 권한은 법으로 명시되어 있습니다. 그 누구도 정당한 명령에 대해 거역할 수 없으며, 속된 말로 상급자에게는 절대 대들 수 없습니다. 하지만 우리는 알고 있습니다. 진정한 상하 관계는 법에 명시된 문구나 전투복의 계급장에서 나오는 것이 아니라 평상시 인간 대 인간으로 신뢰하고 존중하는 마음에서 나온다는 것을 말입니다. 앞으로도 우리 여단의 모든 간부는 일상 업무는 물론이고, 나아가 그 어떤 상황에서도 모든 부대원이 믿고 따를 수 있게 행동해 줄 거라 믿습니다.

혹시 여러분은 좋은 간부가 되고 싶지 않나요? 제가 생각하기에 가장 좋은 방법은 여러분의 상관이 어떤 모습이기를 기대하는지를 생각해 보는 것입니다. 내 상관이 나에게 보여 줬으면 하는 모습을 여러분이 직접 실천한다면 여러분도 좋은 간부가 될 수 있습니다. 저도 여러분에게 그러한 모습을 보여 주기 위해 더욱 노력하겠습니다.

이번 작전을 마치면서 작전이 무사히 종료되었다는 안도감과 함께 아직도 엉망인 수해 현장을 남겨 두고 돌아서야 하는 안타까움을 동시에 느꼈습니다. 아직도 수해 피해 지역에는 무너진 하우스와 찢어진 비닐들, 버려져 있는 농기계 등이 그대로 방치된 곳이 많았습니다. 특히 떠나는 우리를 보면서 아쉬워하시던 어르신들의 표정이 생생합니다. 모쪼록 피해가 빨리 복구되어 피해를 입은 분들이 하루빨리 일상으로 되돌아가길 진심으로 기원합니다.

여러분 모두를 사랑합니다.

여단장 편지 63(8월 둘째 주)

통합방위 훈련의 꽃, UFS 연습

태풍 카눈이 지나갔습니다. 주둔지별로 피해 방지 조치를 미리 하고, 야간까지도 인원이 증강된 상태에서 대응한 결과 큰 피해 없이 무사히 넘어갔습니다. 모두 여러분 덕분입니다. 태풍은 지나갔지만, 지난번 집중 호우와 이번 태풍으로 지반이 약해져 있을 수 있고, 나무나 담장이 넘어질 수도 있습니다. 완전히 마르고 굳기 전까지는 우리 주변에 항상 위험이 있다는 생각으로 잘 살피기 바랍니다.

두 가지 강조 사항이 있습니다. 먼저 UFS 연습 훈련 기간, 계획된 훈련에 적극적으로 참여하고, 마음가짐을 바르게 하여 사건·사고가 없도록 합시다. 그런데 혹시 여러분은 UFS 연습이 무엇인지 알고 있나요? UFS 연습은 'Ulchi Freedom Shield'의 약자로 '을지 자유의 방패'라는 의미입니다. 우리가 3월에 했던 군(軍) 위주의 FS(Freedom Shield) 연습에 정부 차원의 전시 연습인 을지훈련이 합쳐진 이름입니다.

『2022년 국방백서』(국방부, 2023)에 따르면 UFS 연습은 한미 연합 방위 체제 하 전구 작전 지휘 및 전쟁 수행 절차를 숙달하고, 한미 연합 작전 및 후방 지역 안정화, 전쟁 지속능력을 배양하여 국가 총력전 수행 체계를 숙달하는 것을 그 목적으로 하는 훈련으로서 군(軍)의 모든 제대는 물론 정부, 지방 자치 단체, 공공 기관 모두가 참여하는 명실상부한 최대 규모의 훈련입니다.

우리 군(軍)은 전쟁을 수행할 수 있도록 편성되어 있고, 계획도 수립되어 있고, 이에 따른 물자와 장비도 준비되어 있으며, 훈련도 하는데 군(軍)뿐만 아니라 정부, 지자체, 공공 기관도 우리와 마찬가지로 전쟁을 대비하기 위해 충무 계획을 가지고 있습니다. 각 기관에서도 이러한 충무 계획을 바탕으로 자체적으로 실시하는 훈련도 있지만, 우리나라의 모든 기관이 통합 연습을 하는 것은 1년에 딱 한 번, UFS 연습뿐입니다. 정말 중요하다는 걸 알겠죠?

다만 우리 여단이나 대대에서는 지난번 화랑훈련이나 혹한기훈련을 하던 모습과 똑같이 느껴질 수 있습니다. 이미 우리는 지역 내에 있는 여러 기관과 통합방위 차원에서의 훈련을 지속해 왔기 때문입니다. 하지만 실제 모습이 평소와 다르지 않다고 통상적인 훈련이라 생각하지 말고, 대한민국의 모든 기관이 참여하는 1년에 한 번뿐인 중요한 훈련이라는 생각으로 이번 훈련에 참여합시다. 각 부대는 이번 UFS 연습에 대한 의미와 마음가짐에 대해서 잘 교육해 주고, 훈련 자체에 대한 준비에도 만전을 기해 주기 바랍니다.

두 번째 강조 사항은 차량 운행 안전입니다. 제가 이번 주에만 차량 사고 예방과 관련된 상급부대 강조 공문을 다섯 건 결재했습니다. 그만큼 요즘 차량 관련 사건·사고가 끊이지 않고 있다는 의미입니다. 차량 관련 사건·사고는 운전자와 운행 책임자의 역할이 가장 크다는 것을 누구나 알고 있을 것입니다. 차량을 운행하면서 운전자가 도로 교통법을 준수하는 것은 당연하고, 항상 주변을 확인하면서 안전 운행을 해야 합니다. 운행 책임자 또한 운전자 옆에서 운전자가 안전하게 운전할 수 있도록 본인의 임무를 수행해야 합니다.

 그리고 요즘은 간부가 직접 운전을 하는 경우도 많은데 모든 운전자는 출발 전 시동을 걸고 엔진 소리도 잠깐 들어 보고, 차량을 외부에서 한 바퀴 돌면서 타이어 상태도 눈으로 직접 보며 이상 유무도 판단하고, 냉각수나 브레이크 오일의 눈금 정도는 확인할 수 있는 수준이 되어야 합니다. 기본적인 차량 점검이지만 사고를 예방할 수 있는 중요한 활동임을 명심해 주기 바랍니다.

 또한, 각 부대는 평상시 안전 운행에 대한 반복적인 교육을 실시하고, 모두가 교통 법규를 준수하는 분위기를 조성해 주기 바랍니다. 그리고 차량 정비도 제때 정확하게 될 수 있게 부대 운영에 반영될 수 있도록 계획을 세워야 합니다. 이렇듯 차량의 안전 운행을 위해서는 모든 사람의 노력이 필요합니다.

 언론 보도에 나왔듯이 북한의 김정은이 서울과 계룡대를 콕 찍으며 "전쟁 준비를 공세적으로 하라"라는 지시를 내렸다고 합니다. 이 내용은 우리의 UFS 연습에 대한 도발을 예고하는 성격이라고 할 수 있습니다. 북한은 이번 연습을 빌미로 도발의 명분을 축적하고, 지금까지 여러 차례 그래 왔듯이 실제로 도발을 감행할 수도 있습니다. 우리 여단이 현재 해야 하는 가장 중요한 임무가 대비 태세를 갖추고 경계 작전을 하는 것임을 잊지 말고 모든 것에서 항상 우선순위를 두고 시행합시다.

 여러분 모두를 사랑합니다.

여단장 편지 64(8월 셋째 주)

잘 배우고 있습니다

이번 한 주도 우리 모두 UFS 연습 준비로 분주하게 지낸 것 같습니다. 그래도 화요일에 광복절이 있어서 하루를 여유 있게 보낼 수 있어서 좋았습니다. 아침에 태극기를 달면서 독립된 나라를 지킬 수 있는 군인으로서의 삶에 감사하며 우리나라의 근현대사에 대해 한번 생각해 보는 날을 보냈습니다. 여러분도 국가에서 지정한 공휴일을 단지 쉬는 날이라고만 생각하지 말고 각 날의 의미를 되새기며 감사하는 마음을 가져 보는 것은 어떨까요? 내 삶이 조금 더 의미 있고 풍요로워질 수 있습니다.

오늘은 두 가지를 강조하겠습니다. 먼저, 배움의 필요성입니다. 오늘 여단에 방문한 L 대대 임○○ 중위를 오랜만에 만나 요즘 잘 지내느냐고 물었습니다. 저의 안부 인사에 임 중위는 "잘 배우고 있습니다"라고 답했습니다. 그 답변이 참 마음에 와닿아서 이 글을 쓰는 지금도 곱씹어 보고 있습니다. 오늘 여러분에게 해 주고 싶었던 이야기였기 때문입니다.

배운다는 것은 통상 학교 기관에서만 이루어진다고 생각하는 경우가 많습니다. 하지만 오늘 이야기하고자 하는 배움은 자신의 부대, 자신의 직책에서의 배움입니다. 자대에서는 학교 기관에서처럼 별도로 배울 기회가 주어지지 않습니다. 스스로 배우려는 노력을 하지 않으면 아무것도 배우지 못할 수도 있다는 말입니다.

무엇을 배울까를 고민하기 위해서 가장 먼저 해야 할 일은 스스로에 대한 성찰입니다. 성찰을 통해 나의 강점과 부족한 점을 찾아낼 수 있어야 하고, 그래야 강점을 강화하기 위해서, 또는 부족한 점을 보완하기 위해서 무엇을 배워야 할지를 판단할 수 있기 때문입니다. 그것은 업무적인 것일 수도 있고, 군사 지식적인 측면이 될 수도 있고, 인문학적 소양일 수도 있습니다. 체력을 키우는 것이 될 수도 있고, 리더십 측면에서 소통하는 방법이나 소극적인 성격을 변화시키는 내용이 될 수도 있습니다.

무엇을 배워야 할지 알았다면 배우는 방법은 정말 무수히 많습니다. 법령과 규정을 열람해 볼 수도 있고, 교범을 공부할 수도 있습니다. 내 주변의 훌륭한 선배를 롤 모델로 삼아 따라 해 볼 수도 있고, 인터넷 강의를 듣거나 학원을 등록할 수도 있습니다.

이렇게 본인을 성찰하여 부족한 점을 배우려고 노력하는 사람은 그렇지 않은 사람에 비해 항상 긍정적이고 열정적일 수밖에 없습니다. 매일 조금씩이지만 자신의 나아지는 모습, 성장해 가는 모습을 볼 수 있기 때문입니다. 어제보다 나아진 오늘! 생각만 해도 기분이 좋아집니다. 우리 모두 성장하는 부대원이 되기 바랍니다.

두 번째는 보안의 중요성입니다. 올해 초, 우크라이나-러시아 전쟁 기간에 러시아 병사들이 핸드폰을 사용하다가 우크라이나의 전파 추적에 걸려서 부대 전체가 몰살당했다는 사례를 소개한 적이 있는데 기억하고 있나요? 이런 사례가 비단 러시아군에만 발생하는 문제일까요?

지난주에 위병소 경계 근무에 동참하면서 1시간 30분 동안 관찰한 결과 핸드폰 보안 애플리케이션을 작동시키고 입영하는 간부는 M 중대 김 ○○ 중사 한 명뿐이었습니다. 간부들에게 물어보니 기본적인 행동 절차와 애플리케이션 설정에 대해 알고 있었으나 안 해도 큰 문제가 없을 것 같다는 이유로 하지 않았다고 합니다. 또 올해 여단 내 징계 결과를 분석해 보아도 병사 중에 두 개의 핸드폰을 반입하다 적발된 사례가 적지 않았습니다.

보안! 굉장히 중요합니다. 아니라고 생각하는 사람은 단 한 명도 없을 것입니다. 그러나 안타깝게도 그 중요성을 알고 있지만 실제로는 잘 지켜지지 않는 것이 지금 우리의 현실입니다. 법 앞에서 모든 사람이 평등한 것처럼 보안 규정 또한 누구에게나 똑같이 적용되어야 합니다. 훈련 일정을 주변 사람들에게 경계 없이 이야기하고, 부대에서 멋진 자기 모습을 사진으로 찍어 SNS에 업로드하고, 핸드폰 보안 앱을 사용하지 않는 등의 행동은 간부든 병사든 해서는 안 됩니다.

우리 주변에는 보안 규정을 준수하지 않아서 결국은 처벌까지 받는 사람들이 종종 있습니다. 처벌을 받아야 하는 부하들을 보면 저도 안타까운 생각이 드는 한편, 몰라서 그랬다거나 실수였다는 말을 하는 그들의 말이 변명으로밖에 들리지 않습니다. 보안에 대해서는 어느 때도 중요하지 않은 때가 없었지만 최근 상급부대에서 더 강조하고 있고, 국방부 차원에서도 그동안의 온정적인 처리를 벗어나 강력하게 처벌할 것을 지시하고 있으니 모두가 각별히 준수하기 바랍니다.

다음 주부터는 본격적인 UFS 연습이 시작됩니다. 대대별로 전시 임무를 바탕으로 중요 시설 경계 및 방호 훈련 등이 예정되어 있고, 아울러 예비군 작계 훈련도 함께 진행되어 부대 운영이 꽤 복잡합니다. 복잡한 만큼 간부들이 좀 더 계획을 구체화하고, 필요한 요소를 하나하나 검토하면서 해결책을 마련해야 합니다. 지금도 낮에는 폭염이 계속되고 있고, 가용 자원은 부족한 상황에서 구체적으로 계획을 수립하고 준비해야만 우리에게 주어진 과업을 성과 있게 수행할 수 있습니다. 여러분의 관심과 노력이 필요한 시기입니다.

한 가지 덧붙이는 이야기로 최근 우리 여단에 간부들의 관심이나 솔선수범이 부족했던 사례가 발생하여 안타까움을 느꼈습니다. 얼마 전에 제가 강조했었지만, 간부들은 관심을 두고 부대원들을 돌보고 어려움을 공감하고 조치할 수 있어야 합니다. 예를 들어 소초나 기지에 물이 부족하면 그냥 생수 몇 병씩 주고 어쩔 수 없다고 조치를 마무리하면 안 됩니다. 씻을 수 있도록 물을 더 보급하든지, 다른 곳으로 이동시키든지, 더 적극적인 조치를 해 주어야 합니다.

또한 본인부터 희생정신을 가지고 부하들을 위해 솔선수범해야 합니다. 하계휴가를 가는데 계급 순으로, 선임자 순으로 일방적으로 결정해서 결국에는 후임만 못 가는 상황이 오면 안 됩니다. 대화를 통해서 정하고, 필요한 시기에 여건을 보장해 주는 과정이 필요합니다.

물론 지휘관이나 선임자도 노력하고 있고, 여러분들 각자 희생하는 부분도 있을 것입니다. 하지만 희생의 기준은 본인이 아니라 주변 사람, 특히 부하들이 정한다는 것을 잊지 말아야 하고, 만약 소통이 부족해서 생긴 오해였다면 부대원들과 소통을 활성화해야 합니다. 단순히 직책과 계급만으로 상급자의 역할을 하고자 한다면 누구도 마음으로 인정하지 않을 것입니다.

여러분 모두를 사랑합니다.

여단장 편지 65(8월 넷째 주)

알아야 한다

이번 주에는 모든 지자체와 함께 UFS 연습 실제 훈련을 진행하였고, 일부 부대는 예비군 작계 훈련 및 상급부대 불시 검열 등으로 정신없이 보낸 한 주였습니다. 바쁘게 지냈지만 안전한 가운데 성과를 달성한 의미 있는 한 주이기도 합니다. 한 주를 마무리하는 금요일, 제가 편하게 책상에 앉아 편지를 작성할 수 있는 것은 여러분이 각자의 위치에서 제 역할을 다해 준 덕분이라고 생각합니다.

제가 지난주에 배움에 관해 이야기했는데 오늘은 우리가 왜 쉬지 않고 배워야 하는지를 이야기하려고 합니다. 답은 간단합니다. 알아야만 할 수 있기 때문입니다. 제가 20대 초반에 인상 깊게 읽었던 책 중의 하나가 『나의 문화유산 답사기』(유홍준 저, 창비, 1993)입니다. 이 책이 얼마나 좋았던지 대학 시절 배낭 하나 덜렁 메고 자전거로 전국을 여행하기도 했습니다. 이 책의 부제목은 '아는 만큼 보인다'입니다. 당연한 말이지만 알아야 그 대상의 진가를 알 수 있습니다. 알지 못하면 국보급의 건물이라도 시골의 기와집과 별로 다를 바가 없게 느껴질 것이고, 유명한 비석도 가야 할 길을 방해하는 돌멩이로밖에 보이지 않을 것입니다.

'알아야 면장을 한다', '아는 것이 힘이다'와 같은 말은 너무도 많이 들어서 익숙하지요? 우리 군(軍)에도 비슷한 구호가 있습니다. 부사관학교의 '정통해야 따른다', 화생방학교의 '알아야 산다' 등입니다. 이 모든 말들이 잘 알아야 한다는 의미입니다.

군(軍) 생활도 마찬가지입니다. 알아야 보입니다. GOP 중대장 시절, 당시 연대장님께서 "나는 한 번 보면 다 알아"라는 말씀을 자주 하셨는데, 실제로도 10분도 채 되지 않은 방문 시간에 보고드린 적도 없는 소초의 분위기나 간부들의 업무 태도, 병영 부조리 유무까지도 간파하곤 하셨습니다. 당시에는 너무 놀랐던 적이 많았지만, 지금에서야 생각해 보니 당시 연대장님은 여러 해에 걸친 많은 경험과 노하우, 자신만의 노력으로 혜안(慧眼)을 갖고 계셨던 것 같습니다. 여러분도 많이 알면 알수록 더 많이, 더 쉽게 군(軍) 생활을 해 나갈 수 있을 것입니다.

한 가지 덧붙이자면 지금 자신의 수준이 완전한 것이 아니라는 것도 알아야 합니다. 알아야 한다는 말에 끝은 없습니다. 세상은 계속 변화하는데, 나는 지금 위치에 머물러 있다면 알고 있다고 말할 수 없기 때문입니다. 지금 알고 있는 수준이 높은 수준이라고 해도 시간이 지나면 우리가 알고 있는 것은 과거가 되고, 전체가 아닌 일부가 됩니다. 과거에는 잘했다고 인정받았는데 지금은 인정받지 못하면 주변을 탓하기 전에 여러분 자신을 돌아보고, 그동안 얼마나 발전했는지, 더 알기 위해서 얼마나 더 노력했는지 생각해 봐야 합니다. 항상 성장하는 여러분이 되기 바랍니다.

기관들과 통합하여 실시하는 훈련은 끝났지만, 아직 군(軍) 자체 훈련이 남아 있습니다. 모두가 우리를 지켜보고 있습니다. 평소보다 말과 행동을 조심하고 주어진 임무에 충실하도록 노력합시다.

여러분 모두를 사랑합니다.

여단장 편지 66(9월 첫째 주)

철부지가 되지 말자

　이번 주에 N 대대는 전술 훈련 평가를 포함한 예비군 훈련을 했습니다. 대대에서 많은 고민과 준비를 통해 훈련을 진행했지만, 훈련을 제외한 취사, 경계, 차량 및 장비 운영 등은 여단 내의 다른 대대와 직할 부대에서 지원했습니다. 인접 부대의 도움이 없었다면 이처럼 많은 성과를 내며 훈련에 전념할 수 있는 상황을 조성하기는 쉽지 않았을 것입니다.

　혹시 다른 대대의 훈련이나 과업에 지원 나가는 것에 대해 불평불만을 가지는 사람이 있을 수도 있지만 그러면 안 됩니다. 여러분도 알고 있다시피 우리 부대는 인원, 장비, 물자 등 모든 부분에서 부족합니다. 그래서 대대별로 부족한 상태로 임무를 수행하다 보면 정상적으로 진행되지 않을 가능성이 매우 크고 안전하지 않을 수도 있습니다.

　저는 이러한 상황을 해결하기 위한 최적의 방법은 여단의 가용 전투력을 한 곳으로 모아 집중하여 임무를 수행하는 것이라고 생각합니다. 그렇게 해야만 우리가 생각한 대로 훈련이 진행될 수 있고, 또 안전과 성과를 기대할 수 있습니다. 앞서 N 대대의 훈련을 서로가 지원했던 것처럼 앞으로도 인접 부대를 지원하는 것을 그 대대만의 과업이 아니라 우리 여단 전체의 과업이라 생각하고 적극적으로 참여하길 기대합니다.

오늘의 강조 사항은 '철부지가 되지 말자'입니다. 국어사전에서 철부지를 찾아보면 '철없는 어린아이, 철없어 보이는 어리석은 사람'이라고 나와 있습니다. 철부지는 지혜를 뜻하는 '철(哲)'이라는 한자어에 '부지(不知)'라는 한자어를 붙였다는 설과, 계절을 뜻하는 순한글 '철'이라는 글자에 '부지(不知)'라는 한자어를 붙였다는 의견도 있습니다. 그 어원이 어떻든 간에 세상 돌아가는 것을 모른다는 의미는 비슷하다고 생각합니다.

농경 사회였던 우리나라에서 계절을 모른다는 것은 어떤 의미일까요? 달력도 제대로 없던 시절에는 계절의 변화에 맞추어 논이나 밭을 갈고, 김을 매고, 추수해야만 생명을 유지할 수 있었습니다. 농사를 조금이라도 경험해 본 사람은 알겠지만, 농사라는 것이 때를 맞추지 못하면 작물이 자라지 않거나 자라더라도 수확량이 적어집니다. 먹고살기 위해 농사를 짓는 사람들에게는 큰일이겠지요. 그래서 옛날에는 계절의 변화에 매우 관심이 많았고, 그만큼 중요시했습니다.

지금은 농사를 짓는 상황이 아니라 우리가 변화에 무뎌진 것이지만, 우리 주변의 많은 것이 매일매일 변화하고 있습니다. 매일 하루하루가 같은 것 같지만 해가 뜨고 지는 시간도 매일 다르고, 창밖 기온도 달라지고 있으며, 가을을 맞이하는 사람들의 마음도 달라지고 있습니다. 아마 우리가 상대해야 하는 적들도 달라지고 있겠지요.

우리나라는 통상 1년을 사계절로 나누고 9월을 가을의 시작으로 봅니다. 그렇다면 오늘은 가을의 시작이라고 볼 수 있을 것 같습니다. 설마 여러분 중에 가을을 처음 맞이해 보는 사람은 없겠죠? 짧게는 스무 번 이상, 길게는 예순 번에 가까운 가을을 경험해 보았을 것입니다. 그러나 가을이 다 같은 가을이 아닙니다. 올해의 가을은 우리 모두가 처음입니다. 때가 되면 자연스럽게 찾아오는 가을이지만 제가 항상 의미를 두는 이유는 매번 새롭기 때문입니다.

　제가 간혹 이십사절기를 예를 들어 이야기하는 것도 단지 봄·여름·가을·겨울의 사계절로만 변화되는 것을 느끼지 말고, 조금 더 나누어 이십사절기를 통해 미세한 차이를 느껴 보라는 것입니다.

　계절의 변화에 따라 부대 운영의 중점과 방법이 바뀌기도 하고, 부대 관리에 관심을 둘 분야가 달라지기도 합니다. 이렇게 변화하는 시기에 여러분이 해야 할 것을 미리미리 확인하고 조치해 둔다면, 아마 가을철 창고에 곡식을 많이 쌓아 둔 농부의 마음과 같이 항상 든든하고, 모든 것에 자신감이 생길 것입니다. 여러분! 철부지가 되지 맙시다.

　어제부로 UFS 연습이 모두 종료되었습니다. 지난 3주 가까이 여러분이 적극적으로 참여해 준 덕에 우리 지역의 지자체, 경찰, 국가중요시설 등 여러 관계 기관과 성과 있게 훈련했고, 그만큼 통합방위 태세가 성장할 수 있었습니다. 연습 기간에 북한은 여러 차례의 미사일을 발사하고, '남한 전(全) 영토 점령'을 목표로 하는 훈련을 공개하기도 하였습니다. 지금 이 시각에도 북한은 우리나라를 침략 또는 도발하는 방법을 고민하고 있을 것입니다. 대비 태세를 갖추기 위해 항상 노력합시다.

　여러분 모두를 사랑합니다.

여단장 편지 67(9월 둘째 주)

우리에게 영향을 주는 모든 것들

　얼마 전 육군 본부 한 간부의 SNS 계정이 탈취된 사례가 있었습니다. 현재까지 알려진 바로는 누군가 공식 계정을 위장하여 악성 링크가 삽입된 메시지를 유포하였고, 이를 의심 없이 접속한 간부의 계정이 해킹된 것이었습니다. 더군다나 탈취된 계정을 통해 또 다른 사람들에게 악성 링크가 전송되면서 피해자가 많아졌다는 것이 더 큰 문제였습니다. 피해를 본 사람들은 공격자에 의해 계정 삭제도 불가능하다고 합니다.

　이렇듯 우리 주변에는 군인을 대상으로 지속적인 사이버 공격을 통해 정보를 유출하려는 시도가 끊이지 않고 있습니다. 여러분 모두 발신처가 분명하지 않은 계정에서 발송된 메시지 및 링크는 열람하지 말아야 하며, 채팅방에서도 즉시 삭제하고, 혹시 열람했을 때는 캡처 후 삭제하여 더 큰 피해가 일어나지 않도록 해야 합니다. 평소 자주 쓰는 SNS의 비밀번호도 주기적으로 변경하고, 가능하면 2차, 3차 인증까지 설정해 두어야 안심할 수 있겠습니다. 모두 경각심을 가지고 조치해 주기 바랍니다.

　오늘은 지난주 철부지가 되지 말자는 내용에 대해 부연 설명을 하고자 합니다. 제가 철부지가 되지 말자는 이야기를 하니, 부대원 중 일부는 계절적인 측면에만 국한이 되어 생각하는 사람이 있는 것 같습니다. 제가 계절의 변화에 따라 해야 할 바를 잘 착안하고, 주변을 잘 둘러보면서 변화된 것이 있는지 살펴보자는 의미로 이야기한 것은 맞습니다. 다만 오늘은 여기에서 좀 더 확대시켜 계절적 요인 외에도 우리가 임무 수행하는 데에 영향을 주는 큰 흐름을 알아야 하고, 그 흐름에 뒤처지지 말고 잘 대처해야 한다는 의미를 덧붙이고 싶습니다.

우리 여단에서 수행하는 업무는 독자적으로 수행하는 과업이 하나도 없다고 해도 과언이 아닐 정도로 육군 규정이나 지침, 상급부대의 지시에 의해 수행되는 것들이 대부분입니다. 정보·작전·인사·군수·동원 등 참모 기능별 업무도 마찬가지입니다. 모두 상급부대의 규정과 방침에 따라 추진이 되고, 추가로 지휘관의 지침에 의해서 수행되고 있습니다. 이런 것을 잘 파악하고 대처하는 것도 철부지가 되지 않는 방법의 하나입니다.

간혹 상급 지휘관의 의도를 확인하는 것이 윗사람에게 잘 보이기 위해서라고 오해하는 사람들이 있는데 그것은 아주 잘못된 생각입니다. 군(軍)에는 여러 규정과 방침이 있지만, 워낙 다양한 환경과 조건이 있고 지휘권 보장 차원에서 지휘관의 재량권을 상당히 많이 보장하고 있습니다. 따라서 상급 지휘관의 의도를 파악하지 않고 업무를 추진한다면 그 업무의 결과는 보지 않아도 뻔히 짐작할 수 있습니다. 작전 명령에서조차도 여러 항목 중에 상급 지휘관의 의도를 명시하게 되어 있습니다. 그만큼 중요하다는 의미겠지요.

계절의 흐름은 우리가 잘 모르고 지나갈 수도 있고, 아무리 노력해도 바꿀 수 없지만, 상급부대의 일정이나 상급 지휘관의 지침 등은 조금만 노력하면 알 수 있고, 이해가 안 되거나 업무 추진 간에 제한 사항이 발생할 때 보고를 통해 일정을 바꾸거나 업무의 수준을 조절할 수도 있습니다.

다만 이를 위해서는 적극적인 소통이 필요합니다.

 오늘 육군 일반 명령, 「新 병영 생활 행동 강령」이 하달되었습니다. 지난 2003년 구타 및 가혹 행위를 근절하자는 취지로 만들어진 「병영 생활 행동 강령」이 최근의 병영 문화 변화를 반영하여 새롭게 개정된 것입니다. 그동안 병영 생활이 많은 부분에서 개선되었지만, 제가 보기에 완전히 바뀐 것은 아닙니다. 앞으로도 더욱 노력하여 모두가 만족할 수 있는 병영 문화를 만들어 갑시다. 육군 일반 명령은 육군에 속해 있는 모든 사람이 신분의 구분 없이 모두가 따라야 하는 명령이니 이 점을 명심하고 잘 읽어 보고 실천하기 바랍니다.

첫째, 권한이 부여된 상급자의 명령과 지시에 복종한다.
둘째, 어떠한 경우에도 신체적 언어적 폭력, 따돌림, 가혹 행위를 금지한다.
셋째, 모든 형태의 성 관련 법규 위반 행위를 금지한다.

 여러분 모두를 사랑합니다.

여단장 편지 68(9월 셋째 주)

간부 교육의 중요성

오늘 여단이 작전사로부터 전투력 측정을 받았습니다. 저도 평가 대상이라 『사단Ⅱ』, 『대침투작전』 등의 교범을 공부했습니다. 읽어 보니 알고 있던 개념이나 군사 용어가 변경되었거나, 군대 부호 표기 방법도 바뀐 것이 있다는 것을 알게 되었습니다. 스스로를 돌아보니 '알고 있던 대로만 하던 사람이 바로 나구나'라는 반성을 하게 되었습니다. 배움을 강조했던 지난 편지의 내용이 조금 부끄럽기도 했습니다. 저도 다시 마음을 다잡고 열심히 노력하겠습니다.

예전에는 과거에 배운 대로, 해 왔던 대로만 하면 문제없이 다 되는 것일 줄로만 알았는데 지금은 그렇지 않습니다. 그렇게 하면 발전이 없고, 남들은 바뀌어 가는데 나는 그대로이니 퇴보하는 셈입니다. 간부들부터 조금 더 공부하고, 새로운 것을 잘 익히고 연습하여 병영 생활을 주도해 가는 역할을 해 봅시다. 그런 의미에서 간부 교육을 강조합니다.

간부 교육은 지휘관이 주도해야 합니다. 부대별 실태를 보니 간부 한두 명에게 연구 과제를 주고 발표를 시키는 경우도 많이 있던데 그런 것도 때에 따라서는 필요하지만, 그것이 전부가 되어서는 안 됩니다. 대대의 간부 교육이라면 대대장이 판단하여 대대 간부들에게 가장 필요한 것들을 염출해서 될 수 있으면 직접 교육해야 합니다. 전술, 전기, 최근 상급 부대 강조 사항, 부대 운영 간 착안할 사항 등 교육의 내용은 제한이 없습니다. 제가 생각하기에 이러한 내용을 대대에서 가장 잘 이해하고 있고, 가장 잘 설명할 수 있는 사람은 대대장입니다.

간부들도 간부 교육이 있다면 성실하게 참여해야 합니다. 다 아는 것이라 치부하면 안 되고, 작은 것이라도 받아들여 발전하려는 의지가 있어야 합니다. 통상 간부들은 뭐라고 하는 사람이 없으면 잘 바뀌지 않는 경우가 많은데, 사실 여러분의 부하들은 알고 있습니다. 이 사람이 예전 지식만을 가지고 대충 업무를 하는 사람인지, 새롭고 정확한 내용을 찾아보고 노력하고 연구해서 말하는 사람인지를 말이죠. 계획된 간부 교육은 스스로 참여하여 자신의 수준을 높이는 노력을 하길 바랍니다.

얼마 전 사단에서 전 부대를 대상으로 온라인 설문 조사를 했습니다. 그 결과 안타깝게도 우리 여단의 몇몇 간부들이 5관 3략을 지키지 않거나 자신의 역할을 제대로 하지 않는 것이 확인되었습니다. 앞으로 해당 사항을 구체적으로 확인하여 조치하겠지만, 저는 이러한 상황이 또다시 발생했다는 것이 이해되지 않고 답답하기만 할 뿐입니다.

지난 6월 말 여단 설문 조사에서도 폭언과 욕설, 갑질 등이 식별되었고, 이를 개선해야 한다고 강조했었습니다. 설문 내용을 보고 사소한 것이라며 다행이라고 말하는 사람도 있었지만, 도대체 사소하다는 것은 누구의 기준인지 궁금합니다. 간부들은 자신의 말과 행동이 규정을 위반하는 것인지, 위반은 아니더라도 상대방의 기분을 상하게 하고 불쾌한 느낌을 들게 하는 것인지, 그리고 그것이 어떤 결과를 가져올지를 분명히 알아야 합니다. 우리 모두 자기 자신을 돌이켜 보고 5관 3략을 적극적으로 실천하도록 합시다.

  곧 추석 연휴가 돌아옵니다. 긴 연휴이니만큼 간부들이 사전에 준비하고 해야 할 것들이 많이 있습니다. 일반인들은 그냥 쉬면 되겠지만 우리는 연휴 기간에도 24시간 경계 작전을 해야 하고, 부대원들이 잘 먹고 잘 지낼 수 있도록 해야 하기 때문입니다.
  이에 따라 여단에서도 추석 연휴 간 부대 운영 지침을 하달할 예정입니다. 각 부대에서는 임무 수행에 제한이 없도록 사전에 계획하고, 당직 근무나 초동 조치 인원 등도 잘 편성해 주기 바랍니다. 임무 수행을 보장하는 범위에서 최대한 휴가를 가되, 휴가를 가지 않고 영내에서 지내는 부대원들을 위한 관심도 필요합니다. 부대별로 짜임새 있는 연휴 계획을 통해 최대한 많은 사람이 편히 쉬면서 대비 태세도 이상이 없는 부대가 됩시다.

  여러분 모두를 사랑합니다.

여단장 편지 69(9월 넷째 주)

휴일을 잘 보내는 방법

이번 주에는 여단 직할 중대 동원 훈련이 있었습니다. 맑을 거라는 예보와는 달리 호우 경보까지 발령되면서 많은 비가 내렸고, 계획했던 훈련 일정이 많이 변경되었던 참으로 쉽지 않은 훈련이었습니다. 이러한 어려운 여건에서도 현장에서 실시간으로 잘 대처해 준 덕분에 훈련은 이상 없이 잘 진행되었습니다. 정말 고생 많았습니다.

다음 주에는 우리 민족 최대의 명절인 추석이 시작됩니다. 특히 올해는 UFS 연습 전투 휴무와 임시 공휴일을 포함하여 장장 7일간의 휴식이 우리를 기다리고 있습니다. 여러분은 7일간의 연휴 계획을 세워 보았나요? 이미 지난주에 부대별 연휴 계획을 잘 세우도록 강조했는데 오늘은 개인적인 연휴 계획에 관해 이야기하고자 합니다.

7일간의 연휴는 군(軍) 생활을 하는 동안에 결혼과 같은 특별한 경우가 아니면 만나기 힘들 만큼 긴 기간입니다. 무언가를 계획한 것이 있으면 정말 알차고 의미 있게 보낼 수 있지만, 계획이 없으면 허탈함만 생길 수도 있습니다. 그냥 쉰다는 것은 없습니다. 똑같이 며칠 동안 방에서만 쉰다고 해도 아무 생각도 없이 며칠을 방에서만 보내는 것과 이번에는 쉬어야겠다는 계획을 세우고 며칠 방에서 보내는 것은 완전히 다릅니다. 전자는 연휴가 지나고 나면 후회만 가득할 것이고, 후자는 정말 잘 쉬었다고 만족할 것이기 때문입니다.

일주일이라는 시간은 무척 깁니다. 이 기간을 통해 만나고 싶었던 사람을 만나도 좋고, 가고 싶은 곳을 가는 것도 좋습니다. 읽고 싶었던 책이나 보고 싶었던 드라마를 보는 것도 좋습니다. 가까운 산으로 등산을 가거나, 산책을 하는 것도 좋습니다. 때에 따라 업무를 할 수도 있고, 가 보고 싶었던 해안가를 다녀 봄으로써 순찰을 대신하거나 현장을 익히는 것도 좋습니다. 지금쯤이면 부대 계획은 구체화되어 있을 테니 이제는 여러분 자신만의 계획을 세워 의미 있는 시간을 보내기 바랍니다.

휴일을 잘 보내는 것도 좋지만 연휴 기간에 있는 국군의 날을 이야기하지 않을 수 없습니다. 국군의 날은 6·25전쟁이 한창이던 1950년 10월 1일, 우리 국군 3사단이 38선을 넘어 북진을 시작한 날로 국토 수복의 의미가 담겨 있습니다. 당시 38선을 넘어 북진하던 선배 전우들의 기개와 용기를 조금이나마 느껴 보면서 국군의 날을 맞이합시다. 오래전에는 국군의 날을 국경일처럼 전 국민이 쉬기도 했고, 식사 시간에 산더미 같은 특식이 나오기도 했습니다. 지금은 그 정도는 아니지만, 우리 모두의 생일이라 생각하고 국군의 날을 의미 있게 맞이합시다.

다음 주 각 부대에서는 부대 차원의 확인 및 점검 사항과 해야 할 것들이 많이 있을 것입니다. 연휴가 길다 보니 매일 출타자도 많을 것이고, 이에 따라 근무자 명령서도 연휴 기간 전체를 미리 작성하고, 편성된 당직 근무자를 대상으로 따로 교육도 해야 합니다. 탄약고와 무기고도 점검하고, 이와 함께 취사장 등도 잘 확인하기 바랍니다. 여러분도 오래 집을 비우면 전깃불을 끄고, 가스 불 확인하고, 문단속을 잘하는 것처럼 부대에 대해서도 평소보다 각별히 신경 써 주기 바랍니다.

여러분 모두를 사랑합니다.

여단장 편지 70(10월 첫째 주)

우리도 완전 작전을 할 수 있다

　모두 추석 연휴 잘 보냈습니까? 아마도 명절 기간 내내 휴가를 다녀온 사람은 몇 안 되고 간부 대부분이 부대나 작전 지역에서만 지냈을 것입니다. 여러분 덕에 연휴 기간에도 우리 부대는 한 치의 공백 없이 임무를 수행했고, 이로 인해 우리나라의 안보는 굳건히 지켜졌으며, 그 덕분에 우리 국민들이 편히 쉴 수 있었으리라 생각합니다. 여러분이 자랑스럽습니다.

　오늘은 두 가지를 강조합니다. 먼저 결전태세 확립을 위한 지속적인 노력이 필요합니다. 연휴 마지막 날이었던 10월 3일 새벽, 인접 여단에서 밀입국 상황이 있었습니다. 우리 여단에서도 최초부터 상황을 공조하며 대기 태세를 유지하였고, 작전 지역이 확대되면서 후방 차단을 위해 전 부대원이 출동하기도 하였습니다. 연휴 기간에 모두 고생 많았습니다.
　이번 밀입국은 새벽의 어둠을 틈타 선박을 이용, 대천항 바로 앞 해상에 스물두 명의 중국인을 하선시키고 도주한 사례입니다. 다행히 감시병이 최초부터 미상 선박을 포착하여 감시하고 있었고, 해안 기동 타격대가 즉각 출동하여 해안가로 올라오던 중국인 열아홉 명을 검거하고, 나머지

세 명은 경찰에 의해 검거되었습니다. 우리가 관심 가져야 할 부분은 지금까지 예상하던 것과는 달리 스물두 명의 대규모 인원이 고속정을 타고 해안가로 접근하여 해상에서 수영으로 밀입국을 시도했다는 점입니다.

과거 2020년 태안 보트 밀입국 사건 때 우리는 밀입국자들이 레저용 고무보트를 타고 낚시꾼으로 위장해서 밀입국을 시도할 거라고는 생각도 못 했습니다. 그래서 감시 장비로 포착하고, 기동 작전 간에 여러 흔적을 발견하고도 무심하게 넘어갔던 것이 화근이었습니다. 이번 작전의 성공처럼 외부 세력이나 적이 어떤 새로운 양상으로 온다고 해도 각 부대가 본연의 임무를 잘 수행하면 문제없이 대비 태세를 확립할 수 있습니다.

이번 일이 인접 부대의 상황이었고, 종결되었으니 끝났다고 생각하면 안 됩니다. 만일 우리 소초 전방에 이러한 밀입국이 있었다면 어떻게 했을까? 실제 R/D에서는 미식별 선박을 정상적으로 보고하고 상황 관리를 했을까? TOD 감시병은 미상 선박을 정확하게 포착하고 이동 경로를 추적할 수 있었을까? 현장에 출동한 해안 기동 타격대 인원들이 해안 일대를 수색하여 의심 인원을 찾아내고, 제압하여 포박까지 할 수 있었을까? 우리 지역의 경찰, 해경, 지자체, 어촌계 등과 공조가 잘 되었을까? CCTV 관제 센터에 출동하여 이상 징후를 찾아낼 수 있었을까? 머릿속으로 계속 되돌려 보며 생각해 봐야 합니다.

저는 이번 밀입국 인원들이 우리 여단 책임 지역으로 왔더라도 우리가 완전 작전을 할 수 있었으리라 자신합니다. 앞으로도 우리 책임 지역으로 밀입국이나 밀입국을 가장한 침투가 있을 수 있다는 생각으로 현재의 작전 시스템을 잘 점검하고 보완해 주기 바랍니다.

두 번째는 우리 스스로 우리의 임무에 무한한 가치를 부여하자는 것입니다. 요즘 TV에서는 제19회 항저우 아시안 게임 중계 방송이 계속 나오고 있습니다. 여러 나라의 수많은 선수가 출전했지만, 특히 우리가 생각해 볼 선수가 있어서 소개하려고 합니다. 바로 양궁의 컴파운드 종목에서 은메달을 2개나 딴 우리나라의 주재훈 선수입니다.

주재훈 선수는 2016년 건강과 재미를 위해 양궁 동호회에 가입하면서 처음 양궁을 접한 일반인이었습니다. 직장을 다니면서 유튜브를 보면서 기술을 연마했고, 연습할 곳이 없어 아는 사람의 축사에 가서 활쏘기 연습을 했다고 합니다. 이번 대회 참가를 위해서도 휴가를 내고 평가전에 임했고, 현재는 무급 휴직 상태에서 아시안 게임에 참가 중이라고 합니다.

인터넷에 주재훈 선수를 검색해 보니 국가대표 선발 이전에 인터뷰했던 자료가 여러 개 있었습니다. 인터뷰마다 주재훈 선수의 표정은 항상 밝고 힘이 넘쳐 보였습니다. 열악한 환경에서도 양궁이라는 본인의 꿈을 이루기 위해 노력하는 그의 모습은 정말 멋졌습니다. 본인이 인생 최대의 가치를 부여한 양궁을 위해서는 그 어떤 장애물도 이겨 낼 수 있었고, 그 결과 멋진 결실도 얻어 냈습니다.

우리 부대의 현실도 마찬가지입니다. 우리 소초에는 충성마트도 없고, 우리 대대는 풋살장도 없고, 시설도 낡아서 비가 새고 있고, 부족한 것은 많아서 힘들다는 여러분의 아우성이 들리는 듯합니다. 아마 이러한 부정적인 것만 모아 놓는다면 A4용지가 몇 장은 필요할지도 모릅니다. 그런데 이러한 현실을 인정하고 극복하려고 노력한다면 어떨까요? 아마 주재훈 선수처럼 뭔가 다른 가치를 이룰 수 있을지 모릅니다.

상황을 극복하는 노력은 우리가 긍정적인 생각을 하고, 현재 자신의 임무와 역할에 대해 가치를 부여하고 의미를 새겼을 때 비로소 가능하리라 생각합니다. 지금 우리가 하는 일이 얼마나 중요하고 어려운 일입니까?

우리가 아니면 누가 추석 연휴에도 쉬지 않고 작전을 수행하겠습니까? 우리만이 할 수 있고, 실제로도 잘 해내고 있습니다. 자랑스럽게 임무 수행하십시오. 이런 마음가짐이면 지금이나 앞으로의 어떤 어려움도 장애물이 되지 않을 것입니다.

다음 주 월요일은 한글날입니다. 세종대왕께서 한글을 창제하신 덕분에 우리는 고유의 글을 가질 수 있었습니다. 우리 한글은 말하는 대로 쓰고, 쓰여 있는 대로 읽으면 되는 아주 우수한 글입니다. 우리 스스로 한글에 대한 자부심을 가지는 날이 되길 바랍니다.

여러분 모두를 사랑합니다.

여단장 편지 71(10월 둘째 주)

365일, 24시간 임무 수행이 가능한 이유, 당직 근무

　이번 주 저의 시간 계획의 30% 정도가 전입 및 전출, 보직 변경 신고였습니다. 먼저 열정적으로 제 역할을 다해 준 전출자 모두에게 감사의 말을 전합니다. 한 명 한 명의 이름을 부르며 공적을 열거하고, 칭찬과 격려의 말을 전해야 하나 지면상 이렇게 통합적으로 인사를 대신함을 이해해 주기 바랍니다. 그동안 여단을 위해 애써 주어서 정말 고맙습니다. 앞으로도 건강하고 행복한 군(軍) 생활을 하기 바랍니다. 또 우리 부대로 전입해 오거나 새로이 보직을 변경한 사람들도 환영하고 응원합니다. 여러분에게 우리 여단의 새로운 보직이 군인으로서나 인간으로서 중요한 부분이 될 텐데 모든 순간이 행복하고 건강하기를 기원합니다.
　여단의 모든 부대원에게 전합니다. 우리와 함께했던 사람들이 전출을 가면 더 큰 발전을 기원하며 환송해 주고, 부대로 전입해 오는 사람은 따뜻하게 환영해 주고 정성을 담아 도와주길 바랍니다. 서로 돕는 것이 결국은 부대 전체를 위하고 나를 위하는 것입니다.

　오늘은 당직 근무에 대해서 강조하겠습니다. 지금 우리나라의 인구는 대략 5,100만 명 정도입니다. 5천만 명이 넘는 대한민국의 국민이 북한의 위협에도 불구하고 사회, 경제 활동을 안정적으로 할 수 있는 것은 50만 국군이 우리나라를 잘 지키고 있기에 가능한 일입니다. 그런데 우리 50만 군인도 사실은 모두가 1년 365일, 24시간 두 눈을 부릅뜨고 경계 근무를 하거나 훈련 또는 작전 중인 것은 아닙니다. 군인들도 사람이기에 쉬어야 하고, 잠도 자야 합니다. 또 가족이나 친구도 돌봐야 합니다. 그래서 평일 일과 시간에는 열정적으로 업무를 하지만, 일과 이후에는 피로를 해소하고, 소중한 사람들과 시간을 보내거나 개인 취미 생활도 하며 지내고 있습니다.

우리가 이렇게 퇴근하여 쉴 수 있는 것은 퇴근 시간 이후에 부대에 남아 근무하는 당직 근무자들이 임무를 수행하고 있는 덕분입니다. 만일 당직 근무자들이 그 업무를 소홀히 한다면 저를 비롯한 모든 간부는 맘 놓고 쉴 수가 없습니다. 우리 군인들이 제대로 임무를 하지 못하면 국민들 전체가 마음을 놓고 지낼 수가 없는 것과 같은 이치입니다.

우선 당직 근무자들은 자신의 역할이 얼마나 중요한지를 자각하고, 무엇을 해야 할지 고민하여 당직 근무에 임해야 합니다. 당직 근무자들은 일인 다역을 해야 합니다. 일과 이후 영내 병력들의 의식주를 신경 써야 하고, 경계 근무가 잘 되는지도 확인해야 하며, 다음 날 일과 준비도 해야 합니다. 해안이나 내륙에서 특이 상황이 발생하면 당직 근무자가 먼저 초동 조치도 해야 합니다. 그래서 정상적으로 당직 근무를 했다면 그 인원은 아침에 녹초가 되어 있을 수밖에 없습니다. 아무것도 안 하고 밤을 새우기만 해도 힘이 드는데, 밤을 새우면서 다양한 과업을 수행한다면 그 누구도 멀쩡할 수 없습니다.

또한 부대 차원에서 당직 근무자들이 당직 근무에만 집중할 수 있는 여건을 마련해 줘야 합니다. 사전에 지휘 통제실에서의 상황 조치 체계가 갖추어져야 하고, 시스템에 의해 부대가 운영될 수 있도록 여건을 마련해 주어야 합니다. 당직 근무자는 홀로 많은 병력을 책임지고, 병력들이 먹고 자는 것, 작전 대비 태세까지 유지해야 하는 아주 바쁜 사람입니다. 그렇기에 충분히 일과 중에 할 수 있는 것을 당직 근무자가 하도록 일을 떠넘긴다거나, 담당자가 아침에 출근해서 확인해야 할 것들을 당직 근무자에게 모두 맡겨 버리는 것은 금지해야 합니다. 또 당직 근무 이후에는 반드시 쉴 수 있게 해 주어야 합니다. 그래야 당직 근무자들이 온전히 당직 근무에 집중할 수 있습니다.

그리고 혹시 당직 체계를 잘 모르거나 임무 수행이 미숙하다면 누군가는 알려 주어야 하고, 당직 근무를 할 수 있는 수준인지를 수시로 확인해야 합니다. 이런 것들이 모두 종합적으로 이루어질 때 비로소 당직근무 체계가 정상적으로 운영될 것이며, 우리 모두가 편하게 쉴 수 있습니다.

다음 주 월요일은 UFS 연습 전투 휴무입니다. 여러분 모두 훈련의 피로까지 말끔하게 회복할 수 있도록 하고, 당직 근무자들은 앞에서 언급한 내용을 잘 상기하며 당직 체계를 잘 갖추길 바랍니다.

여러분 모두를 사랑합니다.

여단장 편지 72(10월 셋째 주)

부대의 커다란 손실, 차량 사고

이번 주 화요일에는 여단과 인접해 있는 한 중학교와 전시(戰時) 학교 시설 사용에 대한 MOU를 체결했습니다. 이를 위해 제가 학교에 방문하였는데 교장 선생님께서 지역에 군인들이 있어 감사하다고 말씀하셨습니다. 학생들도 정복을 입고 지나가는 우리에게 반갑게 손을 흔들어 주기도 했습니다. 우리를 믿어 주고 응원해 주는 국민들이 많이 있다는 것에 자부심을 느낄 수 있던 자리였습니다. 우리 모두 국민들의 기대에 어긋나지 않도록 우리에게 주어진 임무와 역할에 책임을 다하는 부대원이 됩시다.

최근 여단 내 차량 사고가 증가하고 있습니다. 지난여름에도 큰 차량 사고가 있어 주의를 당부했는데, 최근 들어 다시 사고가 잦아지고 있습니다. 지난 2주간 세 건의 차량 사고가 발생하여 조치하는 중인데, 세 건의 사고를 분석해 보면 결론은 양보 운전, 방어 운전을 하지 않고 급히 가려는 마음에 발생한 운전자의 실수가 가장 큰 원인이었습니다.

군(軍) 차량은 운전병(관)이나 일정 기간 운전 경력을 자격을 갖춘 간부들의 직접 운전으로 운행됩니다. 하지만 직접 운전 자격을 갖추었다고 하더라도 평소 자신이 운전하던 개인 승용차가 아니라 스타렉스나 1톤 트력 등 상용 차량이 대부분인데, 이 차들은 회전 각도나 반응 속도가 승용차와는 다르므로 평소의 운전 습관대로 운전하면 안 됩니다. 그러나 대부분의 직접 운전자들이 평상시 자신의 운전 경력만 믿고 달라진 차량의 특성을 고려하지 못한 채 운전하다가 사고가 발생하는 것입니다.

여러분이 버스나 택시 등을 이용할 때 운전자가 경력 1년 미만의 초보자라면 지금처럼 마음 놓고 편히 다니겠습니까? 운전병의 경우에도 운전 자격을 갖춘 초보 운전자라고 생각하는 것이 정확합니다. 통상적으로 운전병들은 가능하면 입대 전 운전 경력이 있는 사람을 선발하지만 그렇지 않은 경우도 흔합니다. 또 경력이 있다 한들 1년 내외에 불과하며, 그나마 운전면허를 획득하고 자신의 집에 있는 차량을 잠시 운전해 본 것이 대부분입니다. 본인들은 잘한다고 생각할 수 있지만 실제로는 그렇지 않습니다. 차량 운행 시에 일부 운행 책임자들이 운전병에게 모든 걸 맡기고 스마트폰을 들여다보는 경우가 많은데 여러분은 철저하게 운전 보조자로서 해야 할 역할에 충실해야 합니다.

차량 사고가 위험한 것은 차량에 탑승한 사람이 다칠 수도 있기 때문입니다. 최근 3건의 사고는 다행히 차량만 파손되는 수준이었지만 다음 사고가 지금처럼 차량 파손에만 그친다는 보장은 없습니다. 또 작은 사고일지라도 해당 차량을 수리하는 동안 부대에는 운행할 차량이 줄어들게 되는 셈인데, 가뜩이나 부족한 차량인데 이렇게 1~2주씩 차량의 공백이 생기면 부대 운영에 차질이 생길 수 있습니다. 우리 모두가 차량 안전 운행에 관심을 가져야 안전한 병영 환경이 조정될 수 있습니다. 다시 한번 차량 운행에 주의하고 사고가 발생하지 않도록 각별히 신경 써 주기 바랍니다.

제가 여러분에게 보내는 여단장 편지는 숙제처럼 지면을 채우고자 보내는 것이 아닙니다. 여러 가지 이야기하고 싶지만, 매번 집합해서 전달한다는 것이 현실적으로 불가능하고, 모든 것을 강조하면 오히려 강조하지 못하는 것과 같아서, 편지라는 방법으로 한 주간의 가장 중요하고 필요한 사항만 골라 전파하고 있는 것입니다.

예를 들면 지난주에 저는 당직 근무에 대해 강조했습니다. 그렇다면 각 부대는 당직 사령과 당직 사관들의 근무 상태가 어떠한지 현 상태를 진단하여 무엇은 잘하고 있고, 무엇은 부족한지를 판단하고, 부족한 것에 대해서는 빨리 보완해야 합니다. 시스템이 잘못되어 있거나 C4I 체계의 부족 때문에 어려움이 있다면 개선하거나 적극적으로 건의하는 것도 좋습니다.

개인별로 수준 차이가 심하다면 재교육을 하거나, 수준에 도달할 때까지는 당직근무에서 제외하고 동반 근무를 세워 보는 방법을 선택해 볼 수 있습니다. 저의 강조 사항을 대부분의 부대나 부대원들이 잘 이해하고 실천하려고 노력하고 있지만, 일부에서는 그냥 흘려듣는 모습이 있어 다시 한번 강조해 봅니다.

오늘 아침 출근하면서 꽤 쌀쌀하다는 느낌이 들었습니다. 쌀쌀했지만 조금 도톰한 옷을 입고 아침 산책을 하니 오히려 기분이 상쾌하고 좋아졌습니다. 활발히 움직여도 땀이 나거나 덥지 않아 운동하기 좋은 계절입니다. 밤낮의 기온 차이가 큰 환절기지만 모두 운동도 많이 하고 활기차게 보내면서 건강을 챙겨 보기 바랍니다.

여러분 모두를 사랑합니다.

여단장 편지 73(10월 넷째 주)

지휘관의 복무 자세 1

오늘 여단 직할 중대의 30km 주간 행군을 앞두고 사열을 하던 중에 간부들의 물통을 확인해 보았는데 자신의 수통에 물을 채우고, 예비 물까지 챙긴 간부가 있어서 크게 칭찬했습니다. 하지만 저는 아쉬움이 남습니다. 직할 중대의 그 많은 간부 중에 수통에 물을 가득 채운 간부가 단 네 명뿐이었고, 하지 않아도 될 것을 해서 칭찬하는 게 아니라 당연히 해야 할 일을 해서 칭찬을 한다는 것이 좀 아쉽게 생각되었습니다.

본인이 행군 간에 물을 많이 마시지 않는다고 해서 수통에 물을 반만 담아 가는 것보다는 부하를 위해 수통에 물을 가득 채워 가져가는 것이 간부의 바람직한 기본자세입니다. 간부로서 가져야 할 마음가짐에 대해서는 종종 이야기한 것 같습니다. 여러분 모두 어떠한 모습이 바람직한지 한 번쯤 생각해 보기 바랍니다.

오늘은 지휘관의 복무 자세에 대해 강조하겠습니다. 여러분이 두 명의 요리사에게 똑같은 재료를 주고 음식을 만들어 달라고 부탁을 했다고 가정해 봅시다. 여러분 앞으로 배달된 요리는 똑같은 맛과 모양의 음식일까요? 또 두 명의 건축가에게 같은 자재를 주고 건물을 짓도록 요청하면 어떨까요? 아마도 똑같은 건물이 나오지는 않을 것입니다.

부대 또한 마찬가지입니다. 중대, 대대 등의 각 제대는 모두 같은 인원, 장비, 물자로 편성되어 있지만, 각각의 부대가 분위기가 다르고 전투력도 다릅니다. 원인이야 여러 가지가 있겠지만 그중에서도 그 부대를 지휘하는 사람이 누구인지가 크게 작용한다는 것을 여러분도 이미 알고 있을 것입니다. 그래서 지휘관을 보면 그 부대가 어떠한지 알 수 있고, 부대를 보면 그 부대의 지휘관이 어떤 사람인지 알 수 있다고 했습니다.

먼저 지휘관이 되기 위해서는 성공적인 지휘관이 되고자 하는 각오가 있어야 합니다. 성공적인 지휘관은 타고나는 것이 아니라 만들어지는 것이며, 성공적인 지휘관의 능력은 부단한 노력과 훈련에 의해 습득되는 것입니다. 이러한 지휘관의 구비 요건은 굳이 이야기하지 않아도 모두 알고 있을 것입니다. 잘 모른다면 여러분 병과 학교나 육군 대학에서 배웠던 교재를 펴 보면 구구절절 쓰여 있을 것입니다.

하지만 안다는 것이 중요한 것이 아닙니다. 더 중요한 것은 그것을 온전히 내 것으로 만들기 위한 노력과 실천을 하겠다는 마음가짐이 선결 조건입니다. 그리고 그 마음을 끝까지 가지고 가야 합니다. 몇몇 지휘관들이 취임 초기에는 열정적으로 임무를 수행하다가 후반기에는 추진동력을 잃고 소극적으로 변하는 경우를 본 적이 있습니다. 지휘관이 바뀌어도 부대와 부하들은 그대로 그 자리에 있습니다. 그들을 위해서라도 끝까지 자신의 취임 초기 각오를 유지해야 합니다.

두 번째, 지휘관은 사생활도 중요합니다. 우리 여단 지휘관들 대부분은 부대에서 주어진 임무와 역할을 성실히 수행하기 위해 노력하고 있다고 알고 있습니다. 하지만 일부 지휘관의 경우 좋지 않은 음주 습관이나 언어 습관 등 개인적인 측면에서 고쳐야 할 부분들이 있다는 이야기를 듣기도 했습니다. 사실 엄격한 의미에서 공적인 부분과 개인의 사생활은 관계가 없는 것이 맞습니다.

하지만 부하들의 눈에는 지휘관의 공적인 영역과 사적인 영역이 구분되어 보이지 않습니다. 부하들은 사생활이 엉망인 지휘관이 어떤 지시를 할 때 그 지시를 있는 그대로 순수하게 받아들이지 않고, 지휘관의 사생활과 연관 지어 받아들이게 되고, 그렇다면 그 결과는 보지 않아도 알 수 있습니다. 지휘관이 신경 써야 할 사생활의 폭을 정하기는 어렵지만, 특히 음주, 금전, 이성과의 문제만큼은 절대로 개인적인 분야가 아니라는 것을 유념해 주기 바랍니다.

다음 주에는 지휘관들이 지녀야 할 복무 자세를 몇 가지 더 소개하려고 합니다. 혹시 이 편지를 받아 보는 간부 중에 나는 지휘관이 아니니까 관련이 없다고 생각하는 사람이 있을까 싶어 당부하는데 부사관, 군무원일지라도 단 한 명의 조직원이라도 관리하고 있다면 그들에게는 여러분이 모두 지휘관이 되는 것입니다. 따라서 제가 생각하기에 여러분 모두는 이미 지휘관이거나 앞으로 지휘관이 될 사람들입니다. 벌써 다음 주면 11월이 시작됩니다. 모두 10월 한 달간 고생 많았고, 새롭게 11월을 시작하기 바랍니다.

여러분 모두를 사랑합니다.

여단장 편지 74(11월 첫째 주)

지휘관의 복무 자세 2

　이번 주 수요일에는 O 대대의 지휘관 이취임식이 있었습니다. 그동안 임무 수행해 준 김○○ 중령은 부대 개편과 맞물려 새로운 대대의 기틀을 세우고 해안 작전 체계를 갖추면서 부대원들과의 화합과 단결을 이루어 내는 큰 업적을 세운 훌륭한 지휘관이었습니다. 헤어짐은 언제나 아쉽지만, 더 큰 발전을 위해 우리 모두 응원해 줍시다.

　한편으로 새로이 취임한 함○○ 중령을 반갑게 맞이해 줍시다. 새롭게 취임하는 지휘관 스스로가 업무를 잘 파악해서 적응하는 것도 중요하지만, 지휘 여건을 만들어 주는 것 또한 매우 중요합니다. 여단에서는 대대장이 잘 지낼 수 있도록 심적, 물적 지원을 아끼지 않을 것이고, 부대원들도 지휘관의 지침을 잘 이해하고 따라 주어야 합니다. 여러분의 많은 이해와 응원이 필요합니다.

　지난주에 이어 지휘관들이 지녀야 할 자세에 대해 강조하겠습니다. 먼저 지휘관은 솔선수범해야 합니다. 솔선수범해야 한다는 것은 누구나 아는 말입니다. 제2차 세계 대전 당시 부하들에게 거칠기로 유명한 패튼(George Smith Patton Jr., 1885~1945) 장군을 부하들이 끝까지 따랐던 이유는 항상 선두에서 탱크를 몰고 진격했기 때문이며, 독일의 롬멜(Erwin Johannes Eugen Rommel, 1891~1944) 장군이 북아프리카 전선에서 부하들로부터 신뢰를 받은 이유는 식량과 식수가 부족한 상황에서 자신도 최소한의 음식과 식수를 섭취하며 함께 고생한 지휘관이었기 때문입니다.

군(軍)은 실천과 행동으로 결과가 드러나는 조직이므로 지휘관이 잘하는지 못하는지는 결국 부하들이 움직이는 힘으로 나타납니다. 지휘관이 어떤 일을 명령으로만 지시하면서 이루어지기를 바라는 것은 욕심입니다. 성실함과 희생정신을 가지고 솔선수범해야만 부하들이 진정으로 따를 수 있습니다.

두 번째로 지휘관은 항상 배움의 자세를 가져야 합니다. 어찌 보면 지휘관은 선임자이기도 하고, 더 많은 군사적인 지식을 가지고 있을 텐데 왜 계속 배워야 할까요? 완벽한 사람은 없습니다. 과거에 알고 있던 것도 시간이 지나면 잊게 마련이고, 알고 있던 것이 요즘 시대에 맞지 않을 수도 있습니다. 새로운 장비와 소프트웨어가 나오는데도 과거의 지식에만 머물러 있다면 최신 장비를 운용하거나 젊은 부대원들과 함께 호흡하며 지휘하기가 어렵습니다.

그리고 누구든지 지휘관으로 임명이 되었다고 해서 저절로 지휘 통솔력이 생기는 것이 아닙니다. 학습을 통해서 만들어 가야 합니다. 예를 들어 스스로 작전 계획을 공부하고, 지형 정찰을 하여 작전 지역을 완전히 숙지해야 하고, 전사(戰史)를 공부하여 선배 전우들의 노하우나 살신성인의 자세를 배워야 합니다.

유명한 나폴레옹(Napoléon Bonaparte, 1771~1821) 장군도 전쟁터

에서 책을 손에서 놓지 않았으며, 제2차 세계 대전을 미국의 승리로 이끈 마셜(George Catlett Marshall, 1880~1959) 장군도 "지휘관이 지휘 통솔을 하기 위해서는 자신의 가용 시간 50%를 평상시의 업무 수행에, 남은 50%의 시간은 자신을 발전시키는 데 충당하여야 한다"라고 말하며 성공적인 지휘관이 되기 위한 자세를 강조한 바 있습니다. 여러분 모두 올해가 가기 전에 자기 스스로를 돌아보고 부족한 점을 채워 나가는 지휘관이 되기 바랍니다.

달력을 보니 다음 수요일은 이십사절기 중에 열아홉 번째 절기인 입동(立冬)입니다. 말 그대로 겨울이 시작된다는 의미입니다. 아마 우리는 모르겠지만 울타리 밖의 동식물들 또한 월동 준비를 한창 하고 있을 것입니다. 지금 여단에서도 부대별로 겨울을 준비하기 위해 다양하게 노력하고 있습니다.

겨울은 요즘 시대의 인간에게도 힘든 계절입니다. 기온이 낮아져서 신체적 활동량이 줄어들고, 영하의 기온으로 내려가면 장비 가동이 어려울 수도 있습니다. 대지가 얼어붙어 훈련하기도, 작전하기도 어렵고, 시설물이나 특히, 관로가 얼어붙게 되면 생활하는 것도 힘들어지게 됩니다. 이런 것들에 대비하여 각 부대에서는 월동 준비 지침을 부대별로 잘 적용하고, 준비해서 모두가 건강하고 안전하게 지낼 수 있도록 노력합시다.

여러분 모두를 사랑합니다.

여단장 편지 75(11월 둘째 주)

부대 운영의 핵심, 초급 간부

이번 한 주 고생 많았습니다. 특히 이번 주는 지난주에 비해 상당히 추웠는데 다들 잘 지냈는지 궁금합니다. 이번 주말에는 더 추워진다는 예보가 있던데 따뜻하게 입고, 실내 온도도 잘 유지하여 다가오는 겨울을 잘 지내 봅시다.

아울러 오늘 실시하는 여단 체육 대회 중에도 해안과 주둔지 경계 작전을 위해 애쓰고 있는 부대원들에게 감사와 격려의 말을 전합니다. 우리는 언제 어떤 상황에서도 주어진 임무를 소홀히 하거나 포기할 수는 없습니다. 이번 체육 대회를 모두가 함께하지 못해 아쉽지만, 여러분이 있어 다른 부대원들이 오늘 하루 체육 대회를 할 수 있는 것이라 생각하고 맡은 바 임무에 최선을 다해 주기 바랍니다.

오늘은 두 가지를 강조하겠습니다. 먼저 할 수 있는 것과 할 수 없는 것을 구분할 수 있어야 합니다. 얼마 전 여단 체육 대회를 준비하면서 여단에 근무하는 공무직 근로자분들에게 하루 휴무를 주자는 의견이 있었습니다. 규정을 정확히 몰라 바로 답변하지 않고 회의가 끝난 후에 규정을 찾아보니 공무직 근로자에 대한 휴무 부여 권한은 채용 권한이 있는 사단에 있었습니다. 또 몇 가지 상황의 경우에 한하여 휴무를 적용할 수 있는 규정이 있는 것을 확인했지만, 이번 건은 해당하지 않는 것을 알게 되었습니다.

또 휴가 결재를 하다가 이상한 점을 느끼고 실태를 살펴보니 휴가 비율이 20%를 초과하여 시행한 경우를 발견했습니다. 규정에 명시되어 있듯이 아무리 부대 일정이 바쁘고, 개인 일정이 있다고 해서 휴가 비율 20%를 넘길 수는 없습니다. 물론 부대 운영상 그 비율을 초과할 수는 있지만, 그 승인 권한 역시 장성급 지휘관에 있습니다. 여단에서 승인할 수 없는 사항입니다.

만약 꼭 필요하다면 여단장이 사단장님께 건의하여 시행할 수는 있습니다. 그런데 이러한 절차도 없이 그냥 비율을 초과하여 휴가를 시행한다면 저는 승인할 수 없습니다. 그래서 휴가는 사전에 계획되어야 하고, 서로가 조금씩 양보할 필요도 있고, 그 시기를 공유해야 합니다.

할 수 있는 것이라면 얼마든지 하면 되지만, 할 수 없는 것은 아쉬워하지 말고 받아들여야 합니다. 여러분도 규정을 잘 알고 있어야 제가 공무직 근로자분들에게 휴무를 부여하지 않은 것과 간부들 여럿이 함께 휴가를 가는 것을 승인하지 않는 결정을 이해할 수 있습니다. 할 수 있는 것과 할 수 없는 것은 법률과 규정 및 방침에 명확하게 나와 있습니다. 예전부터 제가 간부들은 공부하는 자세를 지녀야 한다고 여러 번 강조했는데, 공부해야 할 대상에 반드시 우리와 관련된 법이나 규정, 지침도 포함해 주기 바랍니다.

그리고 혹시 여러분 중에 어떤 사안이 법이나 규정에서 안 되게 되어 있으니 말해도 소용없겠다고 먼저 포기하는 사람이 있을까 봐 덧붙입니다. 법이나 규정 방침을 자세히 보면 모두 예외 규정이 있습니다. 그 필요성이 인정된다면 여단장이 적극적으로 도와주고 건의할 수 있습니다. 그게 안 되더라도 여러분의 생각과 의견을 알 기회이니 언제든 주저 말고 소통해 주기 바랍니다.

두 번째 강조 사항은 초급 간부들에 관한 관심입니다. 먼저 초급 간부란 임관 5년 미만의 장교와 부사관을 지칭합니다(저는 초급 간부의 대상에 군무원도 포함된다고 생각합니다). 우리 여단에도 5년 미만의 인원이 전체 인원의 00%를 차지하고 있을 만큼 절반에 가까운 간부들이 초급 간부인 셈입니다.

우리가 초급 간부에 관해 관심을 가져야 하는 것은 그들이 중요한 존재이기 때문입니다. 물론 모든 간부가 다 중요하고 소중한 것은 맞지만 특별히 의미를 부여하는 이유가 있습니다. 초급 간부에 대해서는 원래 다 힘든 시기라며 그들의 고충을 무시하거나 순종만을 강요하는 현상이 종종 목격되기 때문입니다. 하지만 우리 여단에서 그들이 무엇을 하는지 살펴볼까요?

초급 간부는 전투 현장의 지휘자들입니다. 감시 작전이든 기동 작전이든 작전을 수행하는 병력을 지휘하고, 소초나 기지에서 상황 간부 역할도 하고, 상황 발생 시에는 초동 조치도 하며, 현장으로 팀원을 이끌고 출동하여 적과 대치하거나 전투를 지휘하는 것도 초급 간부입니다.

부대에서 병사들과 직접적으로 대면하며 지내는 것도 초급 간부입니다. 좋은 것이든 나쁜 것이든 힘든 것이든 싫은 것이든 병사들과 함께하면서 이끌어 가는 역할은 모두 초급 간부들입니다. 따라서 병사들이 군대를 생각할 때 떠올리는 간부에 대한 이미지 또한 해당 초급 간부들로부터 영향을 가장 많이 받을 수밖에 없습니다.

그렇다면 초급 간부의 현실을 한번 살펴보겠습니다. 아는 것도 많지 않고, 가진 것도 별로 없는데, 뒤를 돌아보면 해야 할 일은 항상 쌓여 있고 무엇부터 해야 할지 고민이 되는데, 상급자는 배경도 확인하지도 않고 왜 안 했는지, 수준은 왜 이렇게 되어 있는지만 지적합니다.

선배들이나 지휘관들이 보기에 초급 간부가 잘하지 못하고 있는 것처럼 보일 때가 많을 텐데, 업무 성과는 상대적인 것입니다. 제가 볼 때 초급 간부들은 성실함과 인격만 갖추면 이미 그 조건을 충분히 갖추었다고 봅니다.

군(軍) 생활 10년 이상 하신 분들은 이미 그 분야의 베테랑입니다. 어떤 업무를 부여해도 능히 해낼 수 있는 실력도 갖추었고, 환경이 좋지 않아도 버틸 수 있습니다. 하지만 군(軍) 생활을 이제 막 시작한 초급 간부들은 아직 잘 모릅니다. 그리고 생활 환경도 그리 좋지 않습니다. 예전에 초급 간부였을 때 배웠던 방법으로 지도하지 말고, 지금 상황에 맞는 지도 방법을 잘 고민하여 가르쳐 주고, 격려해 주기 바랍니다. 우리 모두 초급 간부들이 힘들어하지 않고 함께 잘 지낼 수 있는 병영 문화를 만들어 봅시다.

장관님 지휘서신 1호 '초급 간부들이 자긍심을 가지고 군(軍) 복무에 전념할 수 있는 선진 국방 문화를 만들어 갑시다'가 하달되었습니다. 주요 내용은 초급 간부의 복무 여건을 개선하고 존중하는 문화를 만들자는 내용입니다. 국방부 차원에서도 초급 간부들에 대한 처우와 일하는 문화 개선 등에 관심을 두고 있다는 의미이기도 합니다. 모두 참고하여 잘 시행하기 바랍니다.

내일 11월 11일 토요일 11시에는 'Turn toward Busan' 행사가 예정

되어 있습니다. 이 행사는 6·25전쟁 기간 유엔군으로 참전하였다가 전사하신 분들을 모신 부산의 유엔군 묘지를 향해 1분간 묵념을 올리는 행사입니다. 다른 나라의 전쟁에서 오직 자유 민주주의를 수호하기 위해 희생하신 그분들 덕분에 우리가 자유 민주주의 대한민국에서 살고 있음을, 특히 우리 군인은 잊지 말아야 합니다.

여러분 모두를 사랑합니다.

여단장 편지 76(11월 셋째 주)

병사는 우리의 가장 중요한 전투력

오늘 새벽에 출근하다 보니 주둔지에 눈이 쌓여 하얗게 변해 있었습니다. 보기에는 예쁘지만, 부대원들이 기상하자마자 눈을 치우느라 바빠질 것 같습니다. 눈이란 우리 군인에게는 양면의 모습을 지닌 존재입니다. 흰 눈이 내릴 때 따뜻한 커피를 마시면서 어릴 적 눈사람을 만들거나 눈싸움을 하던 것을 생각하면 참 포근한 존재지만, 현실로 돌아와 우리의 일상생활은 물론 작전을 생각해 보면 얼른 제거해야 할 큰 제한 요소가 됩니다. 제설 작전에 대해서는 지난해와 올해 초 여러 번 강조했습니다. 참고하기 바랍니다.

이번 주에는 용사(병사)들에 관한 관심과 사랑을 강조하려고 합니다. 군 인사법에 따르면 군인의 신분은 장교, 준사관, 부사관, 병으로 구분됩니다. 병이라는 것은 법에 나오는 용어인데 이것이 마치 낮추어 부르는 것으로 인식하는 경향이 있어 최근에는 용사라는 용어로 바꾸어 부르기도 합니다. 이것은 아마 과거 병사들을 하나의 소모품처럼 여기고 쉽게 대했던 결과라고 생각합니다. 지금도 나이 지긋한 어르신들은 병으로 복무하던 시절의 비인격적인 대우에 대해 많이 아쉬워하고 계십니다. 그러나 제가 안타까운 것은, 아직도 많은 간부가 병사를 용사로 바꿔 부르는 것 말고는 진정으로 그들을 우리의 전우로 여기고, 대우하고, 도와주려는 마음을 갖지 않는다는 점입니다.

여러분도 알고 있다시피 공군은 조종사에 대한 지원과 혜택이 무척이나 큽니다. 별도의 차량, 별도의 식당, 그들만의 전용 휴식 공간 등 모든 부대 운영이 조종사를 기준으로 돌아간다고 해도 과언이 아닐 정도입니다. 공군 조종사들이 장교라서 그런 걸까요? 절대 아닙니다. 이유는 단 하나, 공군에서는 조종사만이 유일하게 직접 전투를 수행하는 전투원이기 때문입니다. 공군이 첨단 전투기를 운용하는 막강한 전투력을 지녔다 하여도 그 모든 것은 조종사들에 의해서 구현되기에 공군에서는 조종사를 극심히 아끼고 있습니다. 몇천 억짜리 최첨단 전투기가 있다 한들 조종사가 없으면 고철 덩어리에 불과하기 때문입니다.

다시 우리 여단으로 돌아와 봅시다. 우리 여단의 실질적인 전투 수행 모습을 그려 보면 다음과 같습니다.

① 감시 모니터를 살펴보고, 특이점이 발생하면 즉각 보고
② 현장으로 출동하여 확인하거나, 적과의 교전을 통해 사살 또는 생포

우리 여단에서 이것을 수행하는 사람은 누구일까요? 바로 지난주에 관심을 강조한 초급 간부와 오늘 강조하는 병사들입니다. 그래서 우리는 초급 간부와 병사들에게 더욱 많은 관심과 지원을 해 주어야 합니다.

그리고 우리 육군은 타군과 달리 주둔지가 소부대 단위로 되어 있어 부대 관리 분야를 소속 부대원들이 직접 하는 경우가 대부분입니다. 실제로 부대 울타리 정비, 제초 작업, 시설 보수 및 관리 등 다양한 작업을 부대

원들이 직접 해야 하는데, 아무래도 단순한 부분은 병사들이 대부분 수행하고 있다 보니 그냥 한 명의 일손으로 보는 때가 많습니다.

그러나 그것은 그들이 수행하는 역할의 일부일 뿐, 그렇게 인식하고 대우하면 안 됩니다. 다시 말하지만, 병사들이야말로 우리 여단의 전·평시 임무를 수행하는 가장 중요한 전투력입니다. 만일 지금 이 시각에 그들이 없다면 해안 감시, 해안선 수색 정찰, CCTV 감시, 위병소 근무, 주둔지 관리는 누가 할 수 있을까요?

최근 인접 부대의 사건·사고로 인해 우리 부대도 부대 정밀 진단을 실시하고 있습니다. 상급부대에서 정밀 진단을 한다고 해서 긴장하지 말고, 평소와 같이 임무 수행을 하고, 혹시 미흡한 분야가 있다면 잘 보완하여 평상시부터 잘 관리되는 부대가 되도록 노력합시다.

여러분 모두를 사랑합니다.

여단장 편지 77(11월 넷째 주)

지금 우리의 온도는 90도

이번 주는 독감에 걸려 건강의 중요성을 알게 된 한 주였습니다. 여러분은 모두 건강하게 지내길 기원합니다. 건강은 있을 때 지켜야 합니다. 다치지도 말아야 합니다. 여러분 모두 하고 싶은 것을 하기 위한 첫 번째가 건강을 유지하는 것임을 명심하고 잘 관리하여 이번 겨울도 힘차게 맞이해 봅시다.

현명한 주방장은 음식을 조리하기 위해 물을 끓일 때 물의 온도가 100도가 될 때까지 기다립니다. 그는 물이 100도에서 제대로 끓을 때까지 조급해하지 않고 계속해서 열을 가할 것입니다. 물이 끓기 전에 음식 재료를 넣으면 오히려 제대로 맛이 나지 않기 때문입니다.

제가 생각하기에 지금 우리 부대의 온도는 90도입니다. 이 정도면 개인적인 업무든, 부대 차원의 업무든 충분히 성과가 있다고 봅니다. 여기서 조금만 더 노력한다면 물이 100도에 이르러 팔팔 끓게 될 것입니다. 여기서 힘들고 어렵다고 괜한 조바심을 갖고 물을 끓이기를 포기하거나 끓지 않은 물에 재료를 넣어 요리를 마무리 지으려고 한다면 그동안의 노력은 수포로 돌아갈 수도 있습니다.

지난 항저우 아시안 게임 롤러스케이트 남자 계주 종목에서 우리나라 선수가 골인 지점 바로 앞에서 승리를 예견하고 자축을 하다가 뒤따라오던 대만의 선수에게 0.01초 차이로 선두를 빼앗긴 일이 있었습니다. 0.01초! 인간의 능력으로는 분간을 할 수도 없는 아주 짧은 시간입니다. 만약 그가 자만하지 않고 마지막까지 최선을 다했더라면 어땠을까요? 금메달은 우리나라 선수의 것이 되지 않았을까요?

지금 여러분의 모습은 어떤지 돌이켜 보기 바랍니다. 여러분 중에 혹시 올해가 한 달밖에 남지 않았는데 돌이켜 보니 제대로 한 것이 없다고 느끼면서 후회와 불평으로 가득 찬 사람이 있지는 않나요? 쉽게 성공과 실패를 장담하기는 어렵습니다. 지금 우리 온도는 90도이기에 결국은 마지막까지 최선을 다하는 사람만이 성공을 맞이할 수 있을 것입니다. 남은 12월 한 달간 뒷심을 발휘해 보기 바랍니다. 마지막까지 노력한다면 뒤지고 있던 경기를 0.01초 차이로 뒤집은 대만 선수처럼 우리도 마지막에는 웃고 있지 않을까요?

얼마 전 어떤 부대원이 해당 지휘관에 대한 뒷담화를 지속한다는 보고를 받고, 구체적인 조사를 지시하며 필요시에는 수사 의뢰하기로 했습니다. 상관에 대한 욕설이나 뒷담화는 단순히 술자리의 안줏거리가 아닌 중대한 범죄라는 인식이 필요합니다. 군(軍) 형법에 명시된 대상관 범죄의 범위는 상당히 넓습니다. 만일 지휘관의 지침이 부대 현실에 맞지 않거나, 방향이 잘못되었다면 용기 있게 건의하고 의견을 제시할 수 있어야 합니다. 만약 받아들여지지 않는다면 해당 지휘관의 정당한 지시는 반드시 따라야 합니다. 그것이 부하의 도리입니다.

제가 여러분에게 지시나 지침을 주었을 때에도 제한 사항이 있거나 더 좋은 의견이 있으면 언제든 알려 주기 바랍니다. 그러나 저도 의사소통 과정 없이 지시 사항을 어기거나, 다른 곳에서 불평불만을 이야기한다면 이를 좌시하지 않을 것입니다. 여러분의 부하도 그런 모습을 보고 따라 할 수도 있고, 그것이 여단 전체의 분위기가 될 수도 있기 때문입니다. 상관은 평가의 대상이 아니라, 충성의 대상입니다.

여러분 모두를 사랑합니다.

여단장 편지 78(12월 첫째 주)

소통은 상대의 관점에서

 12월의 시작입니다. 벌써 올해의 마지막 달입니다. 어제는 부여단장님께서 여단을 떠나셨습니다. 그동안 여단의 발전을 위해 최선을 다해 주신 부여단장님이 항상 건강하고 행복하시길 기원합니다. 저도 여러 해 군(軍) 생활을 하면서 업무는 무엇이든지 할 만하다고 생각이 되지만, 아무리 해도 적응되지 않는 것이 두 가지가 있습니다.
 첫 번째는 처음 전입하는 부대에 대한 설렘과 두려움이고, 두 번째는 함께 근무했던 사람들과의 석별의 정입니다. 특히 함께 근무한 사람들과 헤어짐은 항상 마음이 무겁고, 아쉽기만 합니다. 만해 한용운 선생님의 「님의 침묵」이라는 시에서 '만날 때는 헤어짐을 염려하지만 떠날 때는 다시 만날 것을 믿습니다'라는 한 구절이 생각나는 어제였습니다.

 오늘은 두 가지를 강조하겠습니다. 먼저 소통입니다. 어제 부여단장님께서 떠나시면서 이런 말씀을 하셨습니다.

두 명의 사람이 책상에 마주 앉아 있다고 가정합시다. 한 사람이 종이 위에 6이라는 숫자를 쓰면 반대편에 있는 사람은 9라고 보일 겁니다. 6이라는 숫자를 설명하

는데 상대방이 계속 9라 생각하면서 이야기를 듣게 되면 그 둘은 다른 생각과 태도를 보일 수밖에 없습니다.

　소통은 상대방의 관점에서 해야 합니다. 그래서 먼저 잘 설명해야 합니다. 내가 6을 설명하기 위해서는 상대방 쪽에서 6으로 보이도록 쓰고 설명해 주어야 합니다. 그리고 반대로 듣는 사람도 상대방이 말하는 바를 구체적으로 이해하려고 노력하고 끝까지 들어 줄 수 있어야 합니다. 끝까지 듣다 보면 혹시 9로 보이게 써 놓았어도 마지막에는 6을 알아차릴 수도 있습니다.
　그동안 저는 취임 이후 소통에 대해 많이 강조해 왔습니다. 여러분 모두 소통을 잘한다는 것이 단순하게 말을 많이 하는 것만이 아니라는 것도 이제는 잘 알고 있을 것입니다. 소통을 잘하기 위해서는 상대가 이해할 수 있게 설명해야 하고, 상대를 이해하도록 노력해야 합니다.

　두 번째는 우리 여단의 부대 개편은 아직도 진행 중이라는 것입니다. 1년 전 오늘, 몇몇 대대와 중대가 창설되고 책임 지역 조정, 임무나 편성의 변화, 명칭 변경 등 많은 변화가 있었습니다. 먼저, 지난 1년간 무에서 유를 만들어 가면서 임무과 역할을 정립하고, 자신의 위치에서 부여된 과업을 책임감있게 잘 수행해 준 모든 부대원에게 감사의 말을 전합니다.
　저를 비롯하여 우리 모두가 가 보지 않은 길을 함께 가면서 지금의 모습이 되었습니다. 현장에서 많이 고민하고, 해결책을 찾아내면서 이루어낸 성과라 생각합니다. 여러분도 지난 1년간의 성과에 대해 자축하고, 서로를 격려하면서 개편 1주년을 맞이하기 바랍니다.
　그러나 우리 여단의 개편은 아직 완전히 끝난 것이 아닙니다. 아직도 작전 지역의 구분, 초동 조치 부대 운용 개념, 재산 정리 등 많은 것이 진행

중에 있습니다. 또 내년에 창설 예정인 부대도 있습니다. 이와 같은 상황에서 우리는 개편 이후 후속 조치에 대해서 조금 더 고민하고, 현장에서 토의하고, 많은 훈련을 통해 완전히 정착시키려는 노력을 지속해야 합니다. 그렇지 않으면 미완의 부대 개편이 될 수도 있습니다.

개편에 관련하여 여러 가지 의견은 언제든 환영합니다. 특히 현장에 있는 여러분이 느끼는 바를 정확히 알려 주어야 저도 우리 여단의 현실을 정확히 이해하고 더 나은 방향으로 이끌어 갈 수 있습니다. 저도 상급부대의 지원이 필요한 것은 즉시 건의하고, 여단이 조치할 수 있는 것들은 바로 조치해서 우리 여단의 완전성을 위해 노력하겠습니다.

다음 주에는 대침투 종합 훈련이 예정되어 있습니다. 이번 훈련은 원래 11월에 계획되어 있었는데 여러 가지 이유로 훈련 일정이 변경되고, 훈련 장소도 급히 변경되었습니다. 저도 갑작스레 바뀐 내용으로 인해 준비 과정이 매우 혼란스러우리라는 것을 알고 있습니다. 그렇다고 화를 내거나 짜증을 낼 필요는 없습니다.

만약 이것이 실제 상황이라면 우리가 원하는 시간, 원하는 장소에 발생하지 않았을 것이고, 그 내용이 사전에 고지되지도 않을 것입니다. 복잡하고 다양한 전장 상황을 고려할 때 이처럼 시시각각 변하는 훈련 내용을 숙달해 보는 것도 우리에게 도움이 될 수도 있습니다. 주어진 상황을 재빨리 판단하고, 우리가 해야 할 바를 도출해 내는 것! 이것이 바로 실제 상황에서도 우리에게 필요한 능력입니다.

다음 주 훈련을 위해 이번 주말에 푹 쉬어서 모두가 건강하고 성과 있는 훈련이 되도록 합시다. 또 방한 대책도 잘 마련하여 안전한 훈련이 되도록 잘 준비합시다.

여러분 모두를 사랑합니다.

여단장 편지 79(12월 둘째 주)

마지막 당부 – 소통, 변화, 사랑

지난 대침투 종합 훈련 간 정말 고생 많았습니다. 많은 부대가 주둔지를 떠나 임의의 지역에서 작전을 수행한다는 것 자체가 쉽지 않은 것임에도 불구하고, 각 대대 및 직할 중대에서 준비를 꼼꼼히 해 주고, 현장에서 직접 확인 및 통제하여 안전하고 성과 있게 훈련이 끝날 수 있었습니다.

훈련 기간 예상보다 춥지 않았지만, 그래도 야간에 진지에 있던 부대원들은 상당한 추위를 느꼈으리라 생각됩니다. 이제 기온은 더 낮아지고, 내년 초에 혹한기훈련도 예정되어 있는데, 이번 훈련을 계기로 개인은 물론 부대 차원에서 혹한기를 대비하는 좋은 경험이 되었기를 바랍니다.

하지만 이번 훈련 경험만을 가지고 이것이 전부라고 생각하면 안 됩니다. 국지 도발 및 전면전의 내용으로 사흘간 진행되다 보니 많은 훈련 과제가 생략되고 축소되는 것들이 있을 수밖에 없었습니다. 항상 '실제 상황이라면 어땠을까'라는 생각을 계속하면서, 생략하거나 축소되었던 그 과정에서는 무엇이 진행되어야 했고, 우리는 무엇을 해야 했었는지를 생각해 봐야 합니다. 그런 후에는 부대원들에게 교육도 해야 합니다. 그리고 못 해 본 부분은 다음 훈련에서는 반드시 해 볼 수도 있도록 해야 합니다. 훈련을 통해 얻은 교훈을 절대로 그냥 흘려보내지 않도록 노력해 주기 바랍니다.

　다음 주면 저도 명령에 의거 여단장의 임무를 마무리하고, 후임 여단장에게 지휘권을 인계하게 됩니다. 먼저 지난 19개월간 함께해 주고, 잘 따라 준 여러분 모두에게 감사의 말을 전합니다. 제가 책상에 앉아 생각했던 것들을 현장에서 직접 행동으로 실천하며 각자의 역할을 잘 수행해 준 여러분 덕분에 지금의 제가 있을 수 있었습니다.

　이미 잘해 준 여러분이지만 앞으로의 더 큰 발전을 위해 세 가지를 강조합니다. 첫 번째는 소통입니다. 소통에 대해서는 이미 여러 번 강조한 바 있지만 또다시 강조할 만큼 중요합니다. 우리 군(軍)은 수직적인 계급체계를 가지고 있는 조직입니다. 상하 계급의 관계여서 상급자를 상대하기 어렵고, 부담스럽기도 합니다. 또한 '군인'이라고 하면 말하지 않고 참고, 견디고, 버티는 것이 미덕인 것처럼 보이기에 마음속의 이야기를 꺼내지 않는 경우도 많습니다.

　하지만 대화가 되지 않으면 상대방의 상태나 상황을 알 수 없고, 불필요한 오해만 생기게 됩니다. 서로의 생각을 알지 못하니 업무의 방향성도 찾지 못하고, 고통의 연속이 될 것입니다. 가족 간에도 대화가 없으면 서로에 대해 모른다고 하는데, 하물며 더 큰 조직인 부대에서 대화가 없다면 그 결과는 어찌 될까요?

　조직에서 소통을 위해 가장 상급자인 여단장이 가장 먼저, 가장 많이 노력해야 하지만, 그만큼 여러분도 노력해야 합니다. 여러분도 저와의 관계에서 소통을 위해 노력해야 하고, 여러분의 부하나 동료들과의 소통을 위해서도 노력해야 합니다. 소통은 한 방향으로 이루어지지 않습니다. 서로가 노력해야 이루어집니다. 저는 우리 부대가 소통되지 않아 고통을 겪는 사람이 단 한 사람도 없기를 바랍니다. 모두 소통을 위해 노력합시다.

두 번째는 변화에 능동적으로 대응해야 합니다. 부대는 살아 있는 생명체와 같다고 했습니다. 지금 이 시각에도 많은 것이 변화하고 있습니다. 부대 밖의 환경도, 여러분의 주변도, 여러분 자신도 변화하고 있습니다. 적들은 아마 이 시간에도 다양한 침투나 도발 수단을 개발하고 훈련하면서 우리가 취약해지는 시기만을 살피고 있을 것입니다. 계절이 바뀌고 기온이 달라지고 해가 뜨거나 지는 시간도 달라지고 있습니다. 통합방위 기관들의 주요 직위자들이 바뀌고, 지역 주민이 바뀌기도 합니다. 도로가 생겨나고 건물과 집이 지어지기도 하고 있습니다. 어제의 이병이 일병이 되고, 내일이면 새로운 인원이 전입을 오고, 또 전역 또는 전출을 가기도 합니다. 정말 많은 변화가 우리에게 영향을 주고 있습니다.

이러한 변화에 맞춰 여러분도 적극적으로 대응해야 합니다. 그렇지 않으면 본인 자신뿐 아니라 우리 조직도 시대의 흐름에 따르지 못하고 도태될 것입니다. 우리 모두는 항상 변화를 생각하고 새로워지기 위해 노력해야 합니다. 그래야 우리가 변화하는 요인을 조정 통제하고, 능동적으로 대응할 수도 있게 됩니다.

마지막으로, 전우를 그리고 부대를 사랑해야 합니다. 지금 여러분의 옆에 있는 사람들은 전우입니다. 전우란 말 그대로 전쟁터에서 함께 싸우는 사람입니다. 여러분의 바로 옆에서 여러분을 구해 줄 수도 있고, 여러분이 구해 주어야 하는 대상입니다. 어찌 보면 서로가 서로에게 가장 중요한 사람인데, 일부 업무가 미숙하거나 잘 따라오지 못한다고 핀잔을 주거나 무시하고, 어떻게 지내는지 관심도 주지 않는 경우가 많습니다. 만일 우리가 민간 기업이라면 사장이 마음에 드는 사람을 선발하고, 성과가 미흡하면 해고할 수도 있을 것입니다.

그렇지만 우리는 그 누구도 선택해서 오지 않았습니다. 여러분뿐만 아니라 저조차도 모두가 명령에 따라 부대가 결정되고, 직책을 부여받아 그 직책에서 임무를 수행하고 있을 뿐입니다. 잘한다 잘못한다의 기준이 상대적이기에 여러분도 다른 부대, 다른 직책에 가서는 적응이 안 되거나 일이 어려울 수도 있습니다. 그렇기에 우리는 서로에게 부족하면 채워 주고, 모르면 가르쳐 주는 관계가 되어야 합니다. 평시부터 서로 관계를 돈독히 할 때 진정한 전우애가 생기게 될 것입니다.

대한민국 육군 중에 좋은 부대, 나쁜 부대는 없습니다. 모두 같은 기준의 시설에서 똑같은 법규와 지침 아래 운영되고 있습니다. 여러분은 그동안 경험한 부대 중에서 어떤 부대를 좋은 부대라고 느꼈습니까? 시설이 좋은 부대? 주변 사람들과 화합이 잘 됐던 부대? 직책이 편했던 부대? 아마 그 기준은 다 다를 겁니다.

그렇다면 지금 이 글을 읽고 있는 여러분은 우리 부대를 어떻게 생각하고 있나요? 아마 모든 사람이 다 같은 생각을 하고 있지는 않겠지만 한 가지 분명한 것은 좋은 부대인지 아닌지는 여러분이 결정한다는 것입니다. 여러분과 전우들이 만든 부대이기에 여러분 마음에서 좋은 부대가 되기도 하고, 나쁜 부대가 되기도 합니다. 이런 상황에서 스스로 어떤 결정을 할지 한번 잘 생각해 보기 바랍니다.

사실 우리 여단은 사단에서 가장 넓은 지역을 담당하고, 가장 많은 부대 수와 부대원이 있는 부대입니다. 그래서 어찌 보면 근무하기가 가장 어려운 부대이기도 합니다. 하지만 저는 우리 부대가 가장 좋은 부대라고 생각했습니다. 여러분을 부하로서 만났고, 여러분과 함께 만들어 왔던 우리 부대에서 가장 행복했기 때문입니다. 여러분도 그랬기를 바라봅니다.

어려운 여건에도 긍정적으로 생각하고 맡은 바 임무를 최선을 다해 수행하는 여러분이 정말로 자랑스럽고 고마웠습니다. 저는 이제 부대를 떠나가지만, 여러분과 함께했던 기억은 소중히 간직하겠습니다. 모두가 건강하고 행복한 삶이 되기를 기원합니다.

여러분 모두를 사랑합니다.

여단장 편지 80(12월 셋째 주)

모두의 건강과 행복을 기원하며

먼저, 이임식을 앞두고 여러분이 저에게 보여 줬던 마음 하나하나를 생각하면 직접 찾아가서 일일이 감사 인사를 해야 하나 그렇게 하지 못하는 것이 안타깝습니다.

지난 19개월을 돌이켜 보면 저는 정말 행복하고 즐겁게 지휘관 임무를 수행할 수 있었고, 이러한 모든 것은 여러분의 도움 덕분이었다고 말할 수 있습니다. 앞으로도 지금과 같은 열정과 노력으로 새로운 여단장과 함께 여단의 전통을 잘 이어 나가기를 당부합니다.

그리고 여단장에게 질책이나 지적을 받았던 사람들도 있었을 텐데 너무 서운해하지 말기 바랍니다. 그 사람이 싫어서가 아니라 실수한 부분이 반복되어서는 안 되고, 혹시 몰랐다면 명확히 숙지하도록 하는 것이 좋다고 생각했기에 알려 주었던 것뿐입니다. 다만 제가 여러분의 마음을 상하게 했다면 지도하는 방법을 잘 모르고 서투른 면이 있어서 그랬던 것이라 이해해 주었으면 좋겠습니다.

다시 한번 강조하지만, 취임할 때 말했던 것처럼 여단장 한 명이 바뀌었다고 우리 여단이 바뀌는 것은 없습니다. 여러분 모두가 우리 여단의 주인공이기 때문입니다. 앞으로도 여러분이 발전하고 성장하기를 멀리서나마 응원하겠습니다. 제가 어디에서 어떤 직책에 있든 여러분을 응원하고 돕겠습니다. 도움이 필요할 때 언제든 연락 바랍니다. 감사합니다.

여러분 모두를 사랑합니다.

에필로그

맺는말

　어렸을 때부터 부모님에게 많이 듣는 소리 중 하나는 "차 조심해라"입니다. 이제는 굳이 그 말을 듣지 않아도 우리는 언제 어디서든 주변에 차가 지나가면 무의식중에 몸을 비키고, 도로 주변에서는 좌우를 살피게 됩니다. 아마도 부모님의 말씀이 마음속 깊이 각인되었기 때문에 자연스럽게 행동으로 나타난 결과일 겁니다. 부모님께서 우리를 안전한 삶으로 이끌기 위해 말로써, 때로는 행동으로써 차 조심을 각인시켜 주셨듯이 그동안 군 생활에서 만났던 선배 장교, 전임자, 학교 기관의 교관들, 그리고 지휘관들의 교육과 행동은 군인으로서의 제 기억 속에 각인되어 이제는 굳이 의식하지 않아도 국가와 국민을 사랑하는 마음가짐과 군인으로서의 사명감을 실천하는 삶을 살 수 있게 되었습니다. 그들은 모두 저의 리더였습니다.

　이제는 이 글을 읽는 여러분의 차례입니다. 여러분은 이미 리더이거나 리더가 될 사람입니다. 어떤 조직에서든 리더는 그 조직이 본연의 역할을 잘할 수 있도록 조직의 구성원들에게 필요한 것을 알려 주고, 지도하고, 그것이 행동으로 자연스럽게 나타나게 해야 하는 사람입니다. 여러분의 말과 행동은 이미 누군가에게는 삶의 지표가 되고, 조직의 방향성이 됩니다.

하지만 현대 사회는 모든 이들이 체감하듯 개인, 공정, 자아실현 등이 대세인 시대입니다. 아마 여럿이 모인 조직에서 구성원들의 이해와 현실을 고려하면서 그들의 노력과 방향을 하나로 모으는 것 자체가 굉장히 힘들어졌을 수도 있습니다. 하지만 과거의 리더들은 이러한 고민이 없었을까요? 아닐 겁니다. 아마 아주 오래전에도 변화에 적응하고 새로운 방법으로 조직의 구성원들과 함께하기 위해 노력한 리더들이 있었을 것이고, 그 노력을 통해 조직이 발전하고, 사회가 성장했을 것입니다.

그렇다면 과연 어떻게 해야 모든 구성원들과 함께 조직을 훌륭하게 이끌어 나갈 수 있을까요? 형식은 정해져 있는 것이 아닙니다. 다만, 저는 편지를 통해 생각을 전하고, 소통하며 구성원을 이끌어 나갔을 뿐입니다. 제가 실천했던 방법이 정답은 아니겠지만, 소통이라는 두 글자가 가지는 효용성은 언제든 그 효과를 발휘하리라 생각합니다.

세상이 아무리 변한다고 한들 리더로서 구성원의 이야기에 귀 기울여 주고 함께 발맞추어 나가려고 노력한다면 조직의 구성원들도 리더인 여러분의 이야기를 들어 줄 것이고, 조직의 생존과 성장을 위한 한 걸음, 한 걸음을 함께 나아가는 진정한 동반자가 되어 줄 것입니다.

여단이라는 큰 조직을 이끌면서 어려움이 없었겠냐마는 방향성을 잃지 않고 끝까지 저와 부대원들을 스스로 움직이게 한 것은 80통이라는 편지 숫자가 아니라 소통하려는 제 진심이었습니다.

부족한 내용이지만 그 속에 담긴 진심을 읽어 주길 바라며, 『리더의 편지』를 통해 여러분도 진정한 리더가 되시기를 바랍니다.